U0927642

轻松如愿秘籍

HOW to get what you want without having to ask

图书在版编目(CIP)数据

轻松如愿秘籍／（英）坦普勒著；谭苗苗，闫国瑞译.
—北京：北京师范大学出版社，2012.9
（生活宝典）
ISBN 978-7-303-15010-6

Ⅰ.①轻… Ⅱ.①坦… ②谭… ③闫… Ⅲ.①成功心理－通俗读物 Ⅳ.①B848.4-49

中国版本图书馆CIP数据核字（2012）第171164号

营销中心电话　010-58805072 58807651
京师心悦读新浪微博　http://weibo.com/bjsfpub

QINGSONG RUYUAN MIJI

出版发行：北京师范大学出版社 www.bnup.com.cn
北京新街口外大街19号
邮政编码：100875
印　　刷：北京盛通印刷股份有限公司
经　　销：全国新华书店
开　　本：128 mm × 196 mm
印　　张：7.25
字　　数：128 千字
版　　次：2012 年 9 月第 1 版
印　　次：2012 年 9 月第 1 次印刷
定　　价：28.00元

策划编辑：谢雯萍　　责任编辑：谢雯萍
美术编辑：袁　麟　　装帧设计：锋　尚
责任校对：李　菡　　责任印制：李　啸

简　介

introduction

大千世界，芸芸众生，为什么有些人总是能够轻松如愿，心想事成呢？在我们很多人看来，好像幸运光环总爱笼罩在这些人的头上，幸运之神总爱陪伴在他们的身边。实际上幸运也不是全部的原因，它只是其中的一个小小因素而已。我们不得不承认，有些人的起点确实比较高，他们有着良好的家庭背景和舒服轻松的工作，但是他们不见得就活得快乐，消沉的情绪也时常纠缠着他们；而那些起点很低的人们，反而不会瞻前顾后，大胆甩开臂膀，阔步前进，为自己创造成功而又快乐的人生。

那些常常有好运相伴的人们与常常时运不济的人们到底有什么区别呢？为什么有些人就能轻松实现自己的目标，从一个成功走向另一个成功呢？为什么另一些人就总是在悲剧里扮演主角，接受一个又一个霉

运的打击呢？如果你细心观察的话，你会发现前者比较清楚地知道怎样才能得到自己想要的，而后者则对此不太明白。我的太太就是一个家庭背景不错的人，不过她能走到今天这一步也经过了很长的时间。经常有人对她说："你真的很幸运，过着如此幸福的生活，有着非常适合你的工作，每天被孩子们围绕着，轻松又快乐。"她总是礼貌而又严肃地回答："怎么能说我幸运呢？这可跟幸运没有丝毫关系，这完全是在我计划中的，我是按照自己的人生规划经过努力走到今天这一步的。"

没错，我的太太所言属实。她一直以来就很想生活在这样的环境里：在空气清新的农村，一座老旧的房屋，一份非常适合自己的工作，一群可爱的孩子们，还有几只猫猫狗狗，多么和谐美好的画面！但是我还有话要说。其实在我们俩相遇之前——也就是我们的第一个孩子出生之前的八年，我的太太曾经有机会成为自由职业者，当时的她就考虑到将来一定要生儿育女，所以她需要一份能和孩子们在一起的工作，她已经给自己做好了职业规划。所以你说她"幸运"的确是用词不当，她也拒绝承认自己能和孩子们在一起快乐工作全凭自己运气好。

我太太的人生规划其实并无特别之处，每个人都可以做到，当然，你也不例外。请你先把“幸运”一词弃置身后，幸运是可遇而不可求的，如果幸运之神来到你身边固然很棒，但是你绝不能守株待兔等待幸运之神的来临。所以你需要做的就是先搞清楚自己想要什么，再弄明白自己应该怎样去得到自己想要的东西。这也是本书探讨的主要内容。

人们通常认为要想得到自己想要的东西，必须要有超乎寻常的自信心才行，往往对轻松如愿之人存有偏见，认为这种人都比较厚颜无耻，善于钻营，性感而有魅力，积极攫取自己想要的东西，总爱以一副颐指气使的架势向周围的人厚着脸皮要这要那。其实不尽然。并不是所有能够轻松如愿的人都像前面描述的那样。诚然，自信心是必备的因素，如果你没有足够的自信敢于张口索取自己想要的东西，那么你就不可能真正得到自己想要的东西。是的，我非常理解你的心情，你可能不想给他人压力，也可能非常害怕别人对你说“不”，我知道遭到拒绝的滋味不好受。你可能会因为要把自己的愿望赤裸裸地呈现给他人而感到非常尴尬，即便这个愿望对你而言举足轻重。没关系的，我们可以想办法通过自己的努力来克服这种情绪

上的不适感。

你看，你玩牌的技巧这么高超，我们就没有必要讨论你还需要掌握什么必需的玩牌技巧了。同样道理，如果你的思维缜密，计划周密，那么你会因为具备的良好个性品质而占据工作上的先机，你的工作就已经成功完成了一半了。

最首要的一点需要你做到的就是，你一定要成为一个让大家乐于帮助你的人。如果你给大家留下的印象是个积极乐观、活泼可爱的人，那么谁还忍心拒绝你的请求呢？如果没有很好的理由来拒绝你的话，没有谁能冷漠地对你说出那个残忍的“不”字。即便有人确实用很好的理由拒绝了你，那也没关系，我们还有很多好办法能促使那些拒绝你的人改变主意，让他们微笑着对你说“是”。

如果你不是那种可以轻松如愿的人，那么请你试着改变一下自己吧。也许你不得不花费一点儿时间来学习一些必要的技能，但是只要学会了相关的技能，你就能事半功倍，轻松如愿不再是个梦想，马上就能变成现实。所以，我们还等什么呢？不要犹豫了，快点摩拳擦掌跟我行动起来吧，只要你真心想做，那就从现在起开始付诸实践吧！

理查德·坦普勒

目 录

contents

How to get what you want without having to ask

IV

第一部分

成为一个能
轻松如愿的人

环顾四周，你不难发现，有些人仿佛能让所有的事情都按照他们预想的轨迹发展，能够轻松拥有自己想要的东西；而另一些人则属于事倍功半的类型，辛苦劳作半天也没有任何收获。我们也不知道哪块云彩有雨，每个人总归是既有好运又有霉运的。但是为什么有些人就能持续走运呢？他们为什么总能轻松如愿呢？而另一些人为什么连一块棒棒糖这样的小玩意儿都没那么容易轻松得到呢？

嗯，这跟人的性格特征就有很大的关系。所谓“性格决定命运”，说得十分在理啊。如果你具备了最基本的性格优势，那么你能轻松如愿的几率将会大大提升。所以，在学习有效的策略与技巧之前，先尝试增加自己轻松如愿的机会，尽最大努力去获得已经下定决心非要不可的东西。就从这儿开始吧。

知道自己想要什么

爱美之心人皆有之，此话放之四海而皆准。一切美好的事物大家无一例外都想据为己有。但是，你确定真的知道自己想要什么吗？你确定自己正在努力争取的东西真的是自己想要的吗？你可能在努力提升自己？可能在争取更高的薪资？可能在求爷爷告奶奶想进入一家更好的公司？可能在努力说服自己的伴侣尽量腾出些时间多陪陪你？可能正在努力组建自己的家庭？

现在让我们从上述几个例子中随便选一个来说吧。嗯，就说我们渴望提升自己这件事吧。好的，我们的目标已经明确了。那么你所面临的问题是什么呢？如果你仅仅是一味地埋头苦干，坚信“一分耕耘一分收获”，那么你可能经过漫长的时间之后能收获自己想要的东西，最终实现自己的目标。我们绝大多数人都会这样做，就像爬梯子一样，一步一步往上攀登。噢，什么？你不想这样按部就班地实现目标？你想现在就立刻实现？是吗？呵呵，你完全可以有这样的想法。

那么你一旦有了这样的想法，下一步打算怎么做呢？需要做点什么具体的工作吗？需要付出什么呢？

有一点需要你明确，那就是你对自己追求的目标越是清晰明了，你实现自己既定目标的可能性就越大，就越容易成功。也许你即使已经有了追求的目标自己却还没有意识到，下面再举个例子吧。例如，你希望自己的爱侣能少花点时间工作，多花点时间陪陪你。那么如果他每周只能有一个晚上早点回家你会感到开心吗？你是不是得到了自己想要的东西呢？可能你会说“感觉还不错”吧。或者你希望自己的爱侣能每周有三天按时回家，或者每天都按时回家，或者只有一天能按时回家但却可以陪你出去度过一个美好的夜晚。

试着问自己这样的问题：“我怎样才能知道我已经得到了我想要的东西了呢？”有什么变得不一样了吗？有

什么发生了变化吗？你的生活看上去如何呢？

所以，你要想轻松如愿，想要得到自己想得到的东西，那首要的一步就是要明确地知道自己到底想要什么，要有一个明确的目标。

嗯，现在继续说渴望自我提升这件事吧。你自我提升的目标已经设定，这意味着什么呢？你是不是渴望得到单位的认可呢？你是不是想通过跳槽来实现自己升职加薪的梦想呢？你是不是特想光宗耀祖、让妈妈为你自豪呢？你之所以想跳槽仅仅是因为当前的收入不理想吗？你仅仅是希望通过跳槽来赢得高薪吗？还是因为你无法忍受跟现在的同事一起共事呢？

对于这些问题我们还是需要浪费点脑细胞来思考一下的。通过理智的思考，你可能会发现其实你自认为想要的东西并不是你真正需要的东西。假设你拥有了一份很体面的工作和不错的职位，但是却没有给你诱人的高薪，也没给你更多展示自己能力与才华的机会，你会觉得已经成功得到了自己想要的东西吗？对于这个问题你可能要看情况再回答了，这有点说不准哦。如果你真正需要的是老板对你的肯定与认可，那么你应该会比较满意现有的工作职位了。但如果你更看重收入的话，这个薪水不高的工作职位可能就令你不满了。对你而言，加薪比换职位更接近你想挣大钱的目标。

再举个例子吧，你可能想改善一下夫妻关系。为什么会有这样的愿望呢？你可能觉得这个问题有点无聊，答案还用说嘛，显而易见嘛！嗯，你的想法是对的，有时候这个问题的答案的确很明显，无须多言。但是有时候我们并没有意识到自己真正需要的是什么，除非我们已经真正搞清楚了自己想要什么。那些总能轻松如愿的人绝不会把为什么想要实现某个愿望当成一个想当然的问题来对待，他们一定是慎重考虑，三思而后行。

知道自己想要多少

我们想要的东西可太多了！反正我知道我就是这种“贪心”的人，我想你也应该跟我一样吧。所以一定要了解自己到底真正需要的是什么，这是非常重要的问题。有时候我们不得不面临两难选择，必须有舍才有得，因为“鱼和熊掌不可兼得”嘛。所以你必须要搞清楚孰轻孰重，到底是舍弃“鱼”还是舍弃“熊掌”，虽然作出取舍的确有点艰难，但这是你不得不做的事情。

看看那些世人眼中的成功者吧，貌似他们得到了一切自己想要的东西，其实不然。他们经常会为了得到

“西瓜”而舍弃“芝麻”，因为他们十分懂得适当牺牲的意义。他们可能不会非常渴望升职加薪，因为他们更看重和家人在一起的时间，他们不想为了工作而牺牲家庭，因为他们知道自己真正需要的是幸福美满的家庭生活。在我看来，他们的聪明之处就在于知道自己到底想要多少，并且会把自己想要的东西按照轻重缓急排好序。

举个例子来说，你对家庭的重视程度有多少？你会为了家人而放弃去繁华地带居住的机会吗？你会为了家人而放弃近在眼前的海外度假吗？你会为了家人而坚持在几年之内不换工作吗？

“人生不如意十之八九”，没有谁能兼得“鱼”和“熊掌”。所以你只需要搞清楚自己特别关注的事情是什么即可，就是要抓住对你而言最重要的东西，就像抓住了“西瓜”，那么其他一切跟“西瓜”有关的“芝麻”自然也能被你轻松收入囊中。

珍惜你所拥有的

我一个朋友曾经因为现有的工作实在让她无法忍受而痛下决心去应征一份新的工作。用她的话说，她现在的工作简直如地狱般令她绝望不已，所以她才打算“破釜沉舟”，坚决离开现在的单位，跳槽去另一片新天地。在面试官见到我的这位朋友之后，决定让其在新工作中扮演一个全新的角色（同时也填补了相应职位的空缺），我的朋友很幸运地步入了崭新的职业生涯。

十年过去了，我的朋友依然坚守着那份工作，保持着非常良好的工作状态，她从工作中获得了前所未有的满足感，让她的人生有了全新的发展方向，这是她从未预料到的。

我的另一位朋友也有个值得跟大家分享的故事。他喜欢上了一位女性朋友，但是他并没有从开始就想让对方成为自己的妻子与自己共度余生，因为她跟我这位朋友的前任女友没有任何相似之处，不能让他迸发出爱的火焰，似乎没有足够的魅力来引发他浓烈的男性气息。不过他们二人现在已经是老夫老妻了，他们举案齐眉、相敬如宾，组建了和谐美满的家庭。我的这位朋友现在经常感慨自己是天下最幸运的男人，因为他拥有着如此完美的夫妻关系和无比幸福的家庭生活。

有时候我们也是“后知后觉”的，在真正拥有一件事物之前并不知道自己是多么需要它。在你的人生旅途中，你不可能预见到尚未发生的事情。不过只要你保持一种开放包容的心态，敞开胸怀去迎接一切可能发生的事情，以一种随性的态度笑看尘世间的悲欢离合，那么你可能会有意想不到的收获，这种感觉真是妙不可言呢！有时候你得到的东西并不是你原计划想得到的东西，但是既然已经拥有了就应当珍惜，就请你试着爱上已经拥有的东西吧。

其实只有你自己才最了解自己到底是不是已经得到

了自己想要的东西，我在这儿不是倡导让你勉为其难安于现状，这无关乎妥协或者中庸之道，我只是想提倡一种生活态度。如果你找到了称心如意的工作，或者拥有了完美的夫妻关系，那么恭喜你实现了自己既定的人生目标——这完全体现了你个人的思想观点。

不做小迷糊，要有决断力

如果你已经确认了自己的目标，那么你必将会为之而付出努力。你不必为了得到想要的东西而做出巨大的牺牲（当然有时候也需要），但是你必须要树立坚定的信念，下定决心去付诸实践，做一个真正的“行动派”。如果你一边点烟一边在想戒烟的好处，一边还暗下决心一定要戒烟，这是毫无益处的。不如赶紧开始“戒烟行动”吧！

我认识这样一个优柔寡断的人：他甚至都不能在五分钟之内做出决定到底是喝茶还是喝咖啡。他会因为搬家或者放弃自己不喜欢的工作这样的“大事”而犹豫好

几年。所以，他经常不能如愿，很少能轻松得到自己想要的东西，我们对此一点也不奇怪。

你应当学着果断一些，尽量让自己“雷厉风行”一些。一旦你已经明确了自己想要什么，为什么想要，以及想要多少，你就应当做出决定是否该为实现自己的目标而做点什么了。既然你已经明确自己的目标，那你还等什么呢？赶紧行动起来吧！

一般来说，那些经常能够轻松如愿的成功者们都很有决断力，因此，如果你也想成为他们当中的一员，毫无疑问，你也应该像他们一样有坚定的意志和决心，果断决策，积极行动。当然，这种行为模式并非每个人都是与生俱来的，你可能并不具备这样的天性，但是没关系，你可以学习。赶紧为了自己的理想而全身心地投入吧，你会觉得事情远没有自己想象的那么难，许多问题在你行动起来以后就迎刃而解了。

知道自己该做什么

为了实现自己的目标，你应该做点什么呢？你总不能守株待兔吧？天上不会掉馅饼的。你要把自己该做的事情列一个清单（清单可以很长，也可以很短），因为你若不清楚自己该做什么，那你凭什么来保证自己目标的实现呢？

你需要发扬一点务实精神，比方说借钱买一辆新车，或者置办一场迷人的婚礼，或者约渴望入职的公司老板一起吃饭，或者每周找一次保姆帮忙照看一天孩子以便让自己抽身去外面恣意妄为一番。抑或是努力影响某些人的行为方式，或者鼓励某些人改变一下固有的生活态度。这样一来，不知道他们的思想观念会发生怎样的变化？不管会有怎样的变化，你都应该搞清楚这种变化是什么，否则你怎么能知道该怎样促成这种变化呢？

在这里我又要强调“鱼和熊掌不可兼得”了，人的大脑在接受一些新的思想时必然会抛弃一些原有的陈旧观念。我们要努力作出改变的其实很简单，就是一种思维方式而已，但是这可能需要长时间的努力。放眼望去，外面的大千世界纷繁复杂，好运不会轻易降临到你身上，天上掉下的馅饼也不会轻易砸中你。如果你想实现自己的愿望，你必须要好好想想该采用怎样的办法，这也是你走向成功的第一步。

知道谁是可以帮助自己的“贵人”

你不是一个人在“战斗”，要知道，你完全没有必要孤军奋战。即便你不需要太多人来帮助你树立信心，你也是需要有人助你一臂之力的。所以你先要确定谁能帮助自己实现既定的目标。你的“贵人”们可能是你成功的基石，不过他们可能还没有意识到正在帮助支持你。

让我们再一次拿你渴望通过跳槽获得升职加薪的事例来做个分析吧。首先，你需要把自己的老板拉入自己的阵营，要获得老板的支持。也许你还需要层次较高的同僚给你些帮助。当然，你可能还需要自己爱侣的鼎力

相助。因为升职加薪毕竟不是一蹴而就的事，你需要在大家的帮助下才能取得成功，别人的建议有助于你增强自己的面试技能。

应对生活和工作中的各种难题都需要好朋友的帮助以及爱人的支持。有了坚强的后盾，你就不会惧怕任何困难，敢于迎难而上。你的家人能为你提供坚强的精神支柱，关键是还能以实际行动提供支持。也许你还想找找其他跟你处境相同的人组成联盟，联合起来共同克服困难。

你也有可能正处于孤军奋战的状态，可能正想着寻找同盟。那么有谁可以介绍盟友给你吗？如果你想尝试着在网上搜索点有价值的信息，那么那些曾经有过相似经历的人们给出的建议就非常值得你借鉴了，这个主意不错吧（答案当然是肯定的）？

现在我们正在帮你解决问题呢。我们正在思考的问题是你到底需要什么，你到底需要什么人的帮助，这是两个非常基础性的问题，解决了这两大问题就意味着你已经拥有了成功的基石，美梦成真的可能性也大大增加了。

胸怀大志，分步实现

立志买一辆小型代步车还是发誓买一辆劳斯莱斯或者兰博基尼？这两种目标之间的差异还是很大的。有时候你想得到的东西是很容易得手的，你的小小愿望可能在不久的将来就会马上实现。但是有很多雄心壮志是不可能在短期内就仓促实现的。你需要把实现愿望的过程分为几个容易控制的步骤，然后一步一步接近自己的目标。关键是你一定要严肃对待每一个步骤，仔细斟酌，全面考虑，不要轻视每个步骤在实现最终目标过程中的重要作用。

你听说过那个加拿大小伙子决定用交换物品的方式实现自己愿望的故事吗？他是从一枚红色别针开始的。首先，他用红色别针换了一支钢笔，然后又换了一个球形门把手，接着又是其他东西……就这样换来换去，以物易物，最终他得到了一栋房子。你看看，如果让他直接拿一枚红色别针去换一栋房子是根本不可能的，但是他把别针换房子的计划分成了若干步，一步一步地接近自己的目标，最终得到了自己想要的房子。他一共经历了14次交换。不过放在你身上的话可能只需要一两个步骤，或者更多的步骤。毕竟他的经历是不可复制的。

把你的雄心壮志分步骤实现，把每一步的成功都看成是独立的成就。就像是一座高峰，如果高得让你不敢攀登，那么你的信心就会荡然无存。实际上你的潜力远远高于你的想象，你完全有能力做得更好。如果你想拥有一辆兰博基尼，那么你可以先买一辆普通的新车，然后再换成更贵的车，换成更迷人更拉风的车，换成最高时速能再快点的车，或者能满足你所有嗜好的车，最终在经历了这些过程以后你就可以实现驾驶兰博基尼的梦想了。

设置里程碑

不是每一个雄心壮志都能分成几个步骤来一一实现的。但不管你的愿望是巨大还是渺小，都值得在实现愿望的途中设置几个里程碑。这些里程碑并不意味着你最终的成就，但是它们标志着你在实现愿望的路途上迈过的台阶。举个例子来说，假设你正在实施减肥计划，设定的减肥目标是用六个月的时间减掉2英石（重量单位，约12.7千克）的分量。但是这个过程感觉非常漫长，所以你最好在这条减肥之路上设置几个里程碑，让漫长的减肥之路变得不那么拖沓。比方说，你可以先努力在第

一个月减掉2千克。

说到里程碑，并不是所有的里程碑都是特别具体的。比方说你要想获得升职加薪的机会，你就可以努力拿下一份特别的业务合同，努力让你的老板给你更多机会承担更多的责任，找个机会用自己原创的颇有价值的报告去赢得董事会的青睐，不断超越一些特定的小目标，等等。上面说的每一件事情都是指向你最终目标的里程碑。

再打个比方，你要参加一个语言学习班，目的是学会一门外语，那么你每周都要腾出几个晚上去学习，要找一个距离合适的学习地点，还要找个学习伙伴。这每一步都不是终点，都只是你学习语言道路上的里程碑而已，但是你离不开这些里程碑，否则你怎么能实现自己掌握一门外语的目标呢？

我在这里为什么要如此强调里程碑的重要性呢，主要有两个原因。其一，设置里程碑有助于你按计划、按步骤地实现自己的目标，避免行动的无序性；其二，在你实现目标的征途上，里程碑有助于引导你按照既定的方向前进，避免偏离正轨，促使你早日实现自己的目标。

庆视每一个进步

你若能够一直坚持不懈地向着自己的目标前进，这是非常值得肯定的，人人都应该向你竖起大拇指。但是你在努力奋进的同时，请不要忘记时常回头望一眼自己走过的路，看看自己已经越过了多少台阶。每当你走过一个里程碑，都值得为自己鼓掌喝彩，享受这一小块成功的喜悦，好好庆祝一番。诚然，你迈出的只是一小步而已，离你最终的目标还很远，但是这一小步也意味着你离最终目标已经接近了一步，这是多么值得开心的事情啊！嗯，搞个庆功宴是必须的！

我们从这样的角度来思考一下：你把实现自己宏伟目标的过程分为了几大阶段，每个阶段又分成了几小块，你需要走过一个个里程碑，实现一个个小目标，最后才能达到最终目标。所以你在这个过程中，已经分步骤得到了自己想要的东西，也就是说，每一小步的成功都是你如愿的过程。虽然你还没有获得最终的成功，但是你已经在通往成功之路上收获了阶段性的胜利果实，这为你下一阶段的成功奠定了坚实的基础。这说明你实际上已经是一个如愿以偿的成功者了，即便你还有点不知足，还想获得更多的东西。真是贪心不足啊。

有了积极的心态就等于有了无穷尽的力量。所以你应当多多肯定自己已有的成绩，这样有助于你以更加饱满的热情和更加自信的态度去迎接未来的挑战，而且你在未来的获胜指数会大大提升。所以说在获得阶段性成功时应当好好庆祝一番，这是非常重要的。至于庆祝的形式，这个大可不必过于拘泥形式，既可以搞点私人性的庆祝活动，也可以搞点公共性的庆祝仪式，都未尝不可。只要能给自己加油充电，让自己变得信心百倍，任何庆祝形式都可以，只要你乐意就好，你的地盘你做主好了！

来吧来吧，赶紧庆祝一下已经取得的小成就吧！可能你已经说服了老板给你安排一个特别能施展拳脚的岗位，已经顺利通过了面试，已经为了购买电脑、汽车或者度假等而积攒了一半的费用，这些阶段性胜利都值得你为之庆贺啊，因为你的表现实在太棒了！

动笔写下来

去找一支钢笔和一张白纸，赶紧去！好吧，你也可以写在本书的空白处（或者你非要在电脑上操作也行），我也不跟你计较。在你要为了自己的理想蓄势待发之时，先写点东西吧。准备好了吗？

开始写啦！先写下你的目标，就是你想要得到什么，再写你为了实现目标需要什么支持。把你的计划和步骤一一写下来，把你的大目标分解为若干个小目标，把一些细节问题也都写下来，这样就把实现目标的前提都确定下来了。

我绝不是平白无故让你动笔写下来的，可能因为疏忽大意你会经常忘记这件事。但是我要强调的是，做任何一件事情，要想获得成功就必须要有周密的计划，要提前考虑周全，为成功打好基础，做好铺垫。如果你不动笔，不提前想好该怎样一步步实现自己的目标，那么你在通往成功的道路上可能会遇到绊脚石，你的前进速度会减缓，甚至还会迈不动步子，这是多么可怕的事情啊！

在我看来，白纸黑字是非常靠谱的东西，手握一份书写清晰的计划书，我会感到非常真实，心里也比较有底，觉得按计划行事就不会出现太大的偏差，最后的成功必然是水到渠成。想想看，这份白纸黑字的计划书跟虚无缥缈的梦想和愿望是大不相同的，这可是一份清晰可靠的行动计划哦！

不知你发现了没有，那些总能轻松如愿的成功者可不是全凭撞大运哦，我们绝不能把成功者都归于“命好”的一类人。他们只是很擅长使用纸笔而已，从不排斥动笔写下行动计划，而且已经把纸笔当成了帮助自己成功的亲密伙伴。

分析关键点

我们对待各种事物不能用同样的衡量标准，面对人世间纷繁复杂的各种事情，我们要理智地分析，搞清楚哪些事情是更重要的，哪些问题解决起来更有难度，哪些困难可以轻松克服。比方说，你在春天的时候坚持每周攒点钱还是难度不太大的，但是越临近圣诞节，或者到了休假的时候，你想继续坚持攒钱而不乱花钱就比较困难了。再比方说，如果让你的姐姐操办一场大型家庭晚宴，估计她又当导演、又当演员、又当主持人等都没有问题，身兼数职也不在话下。但是如果你要说服已经离婚的父母参加家庭聚会可能就没那么容易了，这完全是另一个层面的问题了。就好像你已经做好了一份不错的具有可行性的工作计划，但是要让你流利顺畅地把这份工作计划做一陈述，对你而言可能是个更大的挑战。

在你浏览自己写的计划时，可能会有些比较有难度的步骤会突然跃入你的眼帘，这些看起来比其他问题更为棘手的问题需要你好好给予关注。我为什么要强调这一点呢？因为通常情况下，你的本能反应是排斥这些棘手问题，希望忽视它们，最好让它们滚远一点。但是为了实现你最终的目标，到达成功的彼岸，这些棘手问题是不能绕开的，你必须要勇敢地正视它们，关注它们，因为它们恰恰待在你通往成功的必经之路上。

听我的，如果你能把这些阻碍你走向成功的绊脚石给踢开，顺利克服困难，那么你的成功之路就会变成康庄大道，渡过这个难关以后，后面的路就好走多了，你必然会轻而易举地实现最终目标，得到你想要的东西。所以你在向着目标前进时一定要重视半路出现的障碍，好好考虑该怎样移除障碍，找出解决问题的关键点，立足出现问题的原因，找到解决问题的办法，最终取得胜利。

在看到一份工作的招聘启事以后，任何人投出了简历都有机会等到面试通知。但是如果你心仪的公司并没

有发布招聘广告，需要你主动联系取得面试机会呢？这对你而言是不是很有难度的一件事啊？现在先不用担心你的简历做得怎样，先想想你怎么才能见到公司的营销总监吧。除了直接询问求见，还有没有其他的好办法？这是不是让你备感恐慌？想一想你们有没有共同的联系密切的人？你能否用写信的形式来代替电话进行沟通？或者你能否在某次活动中当个“不速之客”不请自到，抓住机会来一段自我介绍？总之你不能回避，你必须迎难而上，否则你打了退堂鼓，当了缩头乌龟，你就永远不可能得到你想要的工作了。

按时间表行动，设置最后期限

好了，为了获得最后的成功，我们现在要行动起来了！嗯……可是……我们要干点什么呢？什么时候该干什么呢？所以你必须把该做的事情列个清单，做个清晰的时间表和路线图。否则的话你信誓旦旦地要证明自己是行动派就全是空谈了。你是不是觉得自己像个项目经理呢？很好，你可以这么想，这本来就是一个大项目，需要你统筹规划，运营管理。你应当把实现目标这件事情当成一个项目来做，认真做好项目实施方案。

你必须要给计划做的事情设置最后期限，让自己清

楚在什么时间该做什么事情，对于什么时间该发生什么你要做到心中有数，起码你要知道最迟应该在什么时候实现什么目标。假设你想让你的姐姐负责为了哥哥三十周岁的生日而操办一个家庭派对，那么你的姐姐要操心的事情可就多了——食物、娱乐节目、请柬……不过你先要说服你姐姐来勇担重任，同时还得让一个更重要的人物点头许可才行，这个重要人物就是你的母亲。那么什么时候需要母亲给姐姐提出有关受邀嘉宾的建议呢？反过来说，什么时候需要你跟母亲汇报家庭派对的筹备概况呢？由此可见，不管是哪种类型的事件，都应该有各自的时间表。

也许你很期待能在下一年度的工作中扮演更重要的市场营销角色，随着市场营销计划的转换重组，你希望老板能给你机会承担更多的责任，那么你该做点什么呢？你需要额外取得一些资格证或者更多的相关经验吗？你需要在什么时间做准备工作呢？选择什么时机让老板了解你的工作抱负呢？如果你想通过一份优质的市场分析报告去打动你的老板，让他对你刮目相看，那么在什么时候把报告呈给老板好呢？

我们做每一件事情都应该遵照时间表的要求，要给自己设置最后期限。为什么要在这个问题上浪费脑细胞呢？因为这个问题不容忽视，要是你能在最后期限之前完成既定任务当然非常棒，但你要是不按时间表的要求控制事情的发展，完全听天由命，那么你就不可能到达成功的彼岸，你就不可能得到自己想要的东西。最后你就只能独自哀叹自责，徒留一地伤悲，唉，真是莫大的悲剧啊！

为求成功 另辟蹊径

显而易见，要想实现自己的愿望是有一些既定的路线可以走的，比方说你想换一辆好车，就可以直接要求老板给你配一辆好一点的工作用车，让公司替你买单，但是你肯定不愿意这么干。嗯，好吧，让我们就换好车这个问题展开讨论吧，咱们另辟蹊径来帮你实现这个愿望。

你可能特别想买一辆时髦漂亮、引起高回头率的奔驰车，目的只是让自己能在朋友圈里多赢得一些羡慕与钦佩的目光。除了自己出钱买好车，还有别的办法可以让你如愿以偿。可能你正在向着升职加薪的目标努力，一旦成功你就有能力买好车了。什么？你觉得这事儿不太容易发生？那好吧，你可以把加薪后多出来的钱（稍后还会讲到怎样才能实现加薪梦想）拿去把自己现有的车升级换代。

还有一个办法就是做点兼职挣点外快。你可以在自己所在的公司找点兼职做一做，或者直接再找一份全新的兼职工作，把多赚的钱用于买自己喜欢的好车。或者你充分利用自己的人脉资源，托朋友找关系，到机动车市场淘一辆便宜的奔驰车，或者弄一辆可以自己修理好的故障奔驰车也行。

你看看，只要你能开动脑筋，进行有创意的思考，你就能另辟蹊径，想出好多办法来实现自己的愿望。所以你可千万别轻言放弃，只需要多动动脑子就行了，这又不是什么难事，你说对吧？

别给自己找借口

如果你为了获得成功必须要跟那些不好合作的人们合作共事，这该多么让人痛不欲生啊。在你升职加薪的奋斗之路上有几个这么不合作的人挡道，那你要想按照自己制定的时间表取得晋升可就难喽。估计你在最后期限之前什么都干不成，尽管你已经耗费了不少时间和精力。至于你想不看孩子而轻松享受一整个晚上的愿望就更难实现了。还有，在巨大的生活压力下要想戒烟，精神状态整日紧张兮兮，那肯定很难戒烟成功。对了，想在圣诞节前后实施减肥计划也是件难于登天的事。也许还有更多的例子……

嘘，快点闭嘴吧，这还不够吗？这些事例我之前早就听说过不止一次了，耳朵都要起茧子了。

我要在这里声明一下啊，对于你是否能成功实现自己的愿望我并不在意，因为我只是个局外人，你才是主人公，是你想要获得更好的工作/和谐的夫妻关系/更多的关注/美妙的婚礼/一个假期/一个女朋友/一个宝宝/一个健康的身体（这最后一条也是我想要的）。不管你是不是真想得到这些，这都跟我无关。但是你如果真的想努力实现这些目标，你就应该好好琢磨一下，凭自己的能力怎样达成目标，而不应该消极地认为自己没有能力达成目标。你想知道那些看似经常能轻松如愿的成功者有什么诀窍吗？因为他们从来不会做守株待兔的傻事，不会给自己找失败的借口，不会消极等待天上掉馅饼。他们不怕前方有绊脚石，在通往成功的道路上踏踏实实埋头苦干，风雨无阻，最后必然能收获累累硕果。

所以，我们千万别给自己找借口了。如果你想要的东西是唾手可得的，那自然不用多费心思，但事实是你必须要通过艰苦的努力才能克服困难去实现自己的愿望。如果我们回避困难，或者置之不理，那就会举步维艰，永远不能到达成功的彼岸。我也不想再啰嗦了，我的建议就是请你赶紧振作起来，脚踏实地去奋斗吧！

上一个话题已经说到了，一味给自己找借口，消极应对困难，只会一事无成。如果你觉得自己的愿望实在太庞大，实现起来确实困难太大，让你心生恐惧，那么你所面临的最大挑战其实在你的心理层面。其实你预设的每一个步骤都有成功的可能性，但是你如果不采取积极的态度就会离目标越来越远。凡事都要行动起来才知道能否成功，你连行动的勇气都没有的话，那成功对你而言就是个海市蜃楼而已。你要是给自己找借口，拖延时间，回避问题，那就不可能走上一条通往成功的大道，你只能悲哀地与失败为伍了。

建立一种积极的思维模式是非常重要的，千万别让自己成为悲观主义者。你的脑子里可千万不要保存太多的悲剧画面，不要总是对自己曾经的失败、过错等耿耿于怀。一旦你的脑海中浮现出这样的情景，你要赶紧对自己说：“不，我不能想这些消极的东西！”这种消极的想法一定要坚决制止！

你不要总想着自己的目标很难实现，要多想想自己的优势，想象一下获得成功以后的美好景象，不时提醒一下自己看看已经取得的小成就，提升自己的自信心，拿一些成功人士的经历给自己励志，要勇敢面对困难迎接挑战，把你能获得成功的理由一条条列出来。

不只是性格积极的人才会积极思考，这只是一种思考方式，我们眼中的积极的人只是因为选择了积极的思考方式才会成为积极的人。

我认识的一位小伙子得到了一个在伦敦工作的机会。说到伦敦，我不知道你们大家会想到什么，也许你们不太了解伦敦这座城市，我能告诉你的是，如果你是在农村长大的人，那么伦敦在你的眼里就是一个恐怖的大都市。这个小伙子就是来自农村的，他对伦敦充满了恐惧，他对于自己在伦敦的未来生活颇为忧虑，他害怕挤地铁，害怕迷路，为找不到合适的住处而发愁。但是这份在伦敦的工作确实是他一直以来就很希望得到的，他真的很渴望能做这样的工作。

于是他回到家乡跟自己最好的朋友说了这些情况。他的好朋友也十分担忧，连珠炮似的发出了一连串疑问：“你怎么应付那挤死人的地铁呢？你能住在哪儿呢？你肯定到哪儿都会迷路的！万一你的生活费不够了怎么办？伦敦可是个物价很高的城市哦！我是不会去伦敦的……”真是喋喋不休，没完没了。

结果呢，不出意料，这个小伙子自然放弃了在伦敦工作的机会。虽然他也有点失望，但是一想到好朋友提出的那些可怕的问题，他还是退缩了。那么他的问题出在哪儿呢？他其实知道自己的好朋友是个否定主义者，知道会得到那样的追问。这不是性格使然，这是思维方式的问题。小伙子要是找另外一个人去咨询的话，可能得到完全不同的反馈：“这是多么棒的一个机会！伦敦是一个多么让人兴奋的城市！你很快就会适应人口众多的大都市生活，找到属于自己的人生，而且你会拥有很多美好快乐的时光……”

如果你正在以一种消极的态度看待通往成功之路，心中充满了对困难与挑战的恐惧，那么你千万不要在这个时候去寻求否定主义者的帮助，他们的消极态度会加剧你的恐惧感，强化你的消极思维方式。你应该去找积极的乐观主义者，让他们给你些鼓励，让你充满勇气与自信，积极思考，应对挑战。

大声说出来

如果你树立了一个信念，请你大声说出来。要对自己坚定地、毫不含糊地说出来。比方说“我要挣更多的钱”“我要开始健康饮食”“我要改善夫妻关系”，等等，或者还有其他你想要实现的目标。有些说不清楚的原因能导致这些口号更容易变成现实。但是你喊出的口号和决心一定要积极向上，千万不能说“我恐怕不能……”而必须说“我肯定能……”（不用问我为什么，反正是有研究证实过。）所以请你概括出一句凝练简洁的口号，可以代表你想做的决定，在不久的将来你会发现，你真的已经做出了决定并且开始践行了。

不管你为自己选择了什么样的口号，都请你每天坚持尽可能喊得频繁一点，最少一天也要大声说好几遍才行。这是帮助你构建积极思维模式的基础，因为你在多次喊口号的同时也重复巩固了积极的想法。我们也知道，如果一句话反复进入你的耳朵，那么你就会在多次反复之后开始坚信这句话是对的。所以让你喊口号就是同样的道理，希望你能利用这个机会让自己梦想成真。

我是真的没力气反复给大家强调要想轻松如愿必须要有积极的态度了（我是没劲儿大声喊了），积极的态度跟强大的行动力都很重要，缺一不可。任何一件能帮你树立自信和积极态度的事情都是有助于你成功的好事情。

相信你自己

热情、乐观、积极的状态是很有感染力的，对此你应该深信不疑吧。那么请将其作为自己的优点而发扬光大吧。

假如你自信满满地走进了一个房间，那么跟你对话的人们就会很信任你，而且他们可能对于你说过的话频频点头称是，起码要跟你说十遍“是的”。

这个问题不只关乎其他人如何看待你，还关乎你自己怎样看待自己。嗯，我们再一次回到了态度问题上。如果你坚信自己能实现以下愿望——挣足够的钱去买房，修补夫妻关系，买一辆法拉利，或者让自己变得不再忧虑，那么你都能如愿以偿。你的自信会推动你走向成功，而你的不自信就会让你跟成功无缘。你的自信不仅影响了行为动机，还会影响最后的结果。你最好相信我说的话。

期望人生的跌宕

还记得之前咱们说过，为了实现自己的目标，要把必须做的事情列个清单写下来，对吧？那么一旦你开始按照计划行事了，却突然发现事情比你想象的容易多了，这是否让你欣喜若狂？比方说，关系已经疏远的父母竟然很爽快地答应互相不计前嫌，一同出席家庭晚宴，并且同坐一桌吃饭。他们一直在期待着举办家庭晚宴，而且已经决定尽可能度过开心快乐的一天。这对你而言是个多么大的惊喜啊，你原本以为父母又会因此而争吵呢。

可是在家庭晚宴举办之前的一个星期，你姐姐家的屋顶突然塌了。这可真是你始料未及的。那只好去租一个大帐篷了（要租11个小时），这样就可以把家庭聚会的地点转移到姐姐家的花园里了。

我们的人生就是这样，任何一件事情的发展路径都不是直线型的，都是有高低起伏的，有波峰也有波谷。再宏伟的计划也不可能平滑顺畅地按照你所期望的变成现实，总会有一些意想不到的问题冒出来。没关系的，这就是人生，这样没什么不好。你之前一直在预想的就是这些意料之外的东西（我其实非常讨厌这样的表达方式，我在这里只是为了表达一种讽刺的意味）。

你可不能让人生的跌宕起伏左右了自己的处世态度，不能因为暂时处于人生低谷就把自己全盘否定。你要用哲学上辩证的观点来看待这个问题。所谓“祸兮福之所倚”，你要对自己说“没什么，这点小挫折我完全能应付得了”，并且用实际行动解决问题。嗯，你可能也会觉得有点痛苦，不过这也不至于让你彻底推翻自己原定的所有计划。

享受成功的喜悦

我有一个朋友曾经用攒了好多年的钱买了自己心仪已久的经典款豪车，在他成功拥有了汽车之后的两周，我见到了这位朋友。你们猜发生了什么？他竟然跟我唠叨了半天他的烦恼。他嫌汽车总是出故障，联动装置不好用，敞篷上也多处发霉，而且耗油量实在超出了他的承受能力。汽车的小毛病层出不穷，除非要他痛下决心彻底更换所有零配件，这简直让他无法忍受。

我对于这个朋友的经历感到有点可笑（我已经告诉他了），如果你一直期望的仅仅是一辆经典款豪车，实际上完全没必要一边苦苦攒钱一边频频抱怨，除非你就是为了摆阔或者就是真心乐意小心翼翼地伺候豪车。我的朋友也明白这个道理，只是在某种程度上理解得不够到位而已。

我在这儿想要强调的是，在任何一个外人眼里，我的这位拥有豪车的朋友都不是一个成功者，因为他没有表现出如愿以偿后的欣喜若狂。恰恰相反，他的表现让大家认为他是一个失败者。所以，如果你已经确定了自己的奋斗目标，那么当你最终成功实现了目标以后，应当充分享受成功的喜悦。你管那汽车联动装置好不好用呢，反正你已经是一辆漂亮的经典款豪车的车主了，你应该为自己感到骄傲。坐下来悠闲地抽着雪茄吞云吐雾，自言自语地说："多么好的一天啊，哪儿也不用去，再也不用为了攒钱买豪车而辛苦劳作了！"

如果你不觉得自己的豪车是最棒的，还打算再买一辆更棒的车，那么你买第一辆车的时候就不用检查得太仔细，然后在你还没有对第一辆车完全失去兴趣之前就赶紧着手买下一辆车。如此说来，你为了买车而付出的辛苦劳动岂不是白费了？你明明已经通过努力得到了自己想要的豪车，但是却不懂得欣赏和享用，搞得自己像个失败者一样，这可不是明智的选择。希望你能放松心情，尽情享受成功的喜悦，沐浴在自豪的光晕下，这是你赢得的，要好好珍惜啊。

第二部分

成功赢得他人的帮助

我们生命中想要实现的大部分事都离不开与他人的合作。如果你想要你的伴侣大力支持你，想要你的父亲做你坚强的后盾，还想让你的老板给你某种职业生涯的提升，你还想实现自己的目标、梦想和抱负，这些都需要别人对你的认可和赞赏。

这正是一些人的内在优势所在，他们总是很容易赢得他人的赞赏。在激发他人热情而又友好的支持方式中，其实是有技巧的。应该拥有怎样的技巧呢？这种技巧不是天生的，而是后天练就的。以下的准则是我多年观察得出的帮助人们赢得支持的策略。而且，这些准则不仅仅帮助你实现自己的目标，也可以让你取悦周围的人，获得更多生活的乐趣和与人交往的愉悦。这些本身就是目的，同时也帮助你达成自己的愿望。

别装自信，要真自信

好吧！究竟你想要怎么做呢？假如你羞涩或焦虑，对自己说一句“要有信心”是很有帮助的，但其实并不是这样。你没做到真正自信，那是什么让你很难自信起来呢？

来，让我给大家娓娓道来吧。信心就是对自己正在做的事情的全面彻底的把握。由此来看，你对自己的“脚本”越是了如指掌，就越有信心，而且你将体会到来自心底的那种真正的自信。你所需要做的只是想透彻了解你要做的事，并且清晰地掌控它。

假如你是那种事到临头了还犹豫不决的人，对自己是否要采取行动还举棋不定，那要想想会有怎样的后果呢？稍等，是谁让其他人来控制局面的？你只需有下定排除万难的决心，那么你在行动的时候就必定坚定不移，并抱以从容的心态。明白了吧？局面是由你来掌控的，你了解具体发生了什么。由此你获得了信心十足的感受，所以你全盘皆赢了。

假如你觉得与他人见面和问候有点困难，那只需提前备好草稿预演一下就好了。脑中预演一遍那个场景，在镜子前好好练练，就仿佛是你看着它在发生。想好是否要跟对方握手或者亲吻双颊，抑或准备一些问候语，或准备一些让交谈持续下去的问题。也许你对每一件事并不都是那么信心十足，但至少你将会在这关键的十分钟里充满自信。

可能在前面几次练习时你会觉得自己仿佛是在通过什么重大议案，但是请相信我，这将会很快变成一种习惯，而这种自信也很快会变得如看起来的那样真实。

听起来信心十足

信心具有推销能力，它能将你推销出去。如果你是极富信心的，那么其他人就会认为你能够说到做到，他们自然会很信赖你。假如你想在工作上赢得一场棘手的挑战，与其你低头看着自己的鞋喃喃自语还不如面带微笑、口齿清晰地表达自己来得有用，尤其当你面对一个油腔滑调、夸夸其谈的对手时。

这同样适合于应对你的老板和同事。如果你忐忑不安，对自己信心不足，他们也不会对你有信心。信心是具有传染性和感染力的。如果你信心十足，别人也会对你有信心。

你的谈吐方式是你个性中很重要的一部分，这里有几条速成原则让你的谈吐听起来更具信心：

● 绝不嘀咕或者软弱无力地讲话，要清楚地表达。

● 提前想好如何表达自己，交流的时候知道自己在说什么。

● 提前演练各种真实的技巧性交谈，找个朋友或者对着镜子练习。

● 使用积极的语言。不用“我觉得我应该能够”，而是用“是的，我能做到”。

切记，一旦你开始参与某个谈话，你应该考虑你所面对的人，而不是你自己。因此，一旦自我意识出现，就要立刻进行自我暗示，要告诉自己把注意力集中到对方身上。

看起来信心十足

很好，你已经听起来信心十足了，和别人打招呼时要么紧紧握手，要么亲吻脸颊，要么用其他你认为适宜的方式。现在需要你做的是确保你的肢体语言和你自信的声音相协调。

我知道你在应付一个令人紧张的刁钻难题或重要约会时，不想分神于肢体语言或诸如此类的事宜，所以要把它变成一种本能的习惯。在几周的适应后，你将会不假思索地做出适宜的肢体语言，它将会变成你的亚本能。人们不会对一个害羞、犹豫不决的人说“是”，却会对他们认为一直很有能力和自信心的人说“是”。

你瞧，我们的目标就是变成一个行为举止从容不迫的人。假如你做到的话，无论何时你有求于别人，他们早就对你有了很好的印象了，怎么好意思拒绝你呢。所以，请保持眼神相触，要看起来很风趣，摆出一种开放的、放松的姿态。做到这样并不难，把胳膊放在身体两侧或者膝盖上，不要紧紧地抱住双臂或者用手捂住你的脸。坐下来靠住椅子的靠背，别紧张地坐在椅子边缘部分，诸如此类的紧张小动作都不要有。多看看周围的人，哪些人看起来轻松又自信，哪些人没这种感觉，想想他们为什么做不到，你就知道如何能让自己看起来自信满满啦！由此可见，当你是自信的、友好的、成竹在胸的、热情的时候……任何一个人都无法对你说“不”的。

如果你不能对别人说“不”，那么你也别指望能轻易得到别人对你说“是”。听起来很公平，不是吗？但并不意味着谁对你说了“是”，你就得对谁说“不”。问题是往往你想要得到的需要付出一定的时间，如果你不能说“不”，那么就很难实现自己想要的结果。或者说，可能你需要一种宁静的生活（不是所有人都需要），也许是因为你此刻正处在特殊的压力之下，你确实不想任何困难或复杂的事牵绊住你前进的脚步。

有句话叫“如果你想让别人帮你做某事，那就求助于最忙的那位吧”，你听说过吗？这句话基本上说的是对的，因为往往最忙的那位最不善于拒绝，所以他们总是答应你的要求。请听好：不要成为这样的人！

也不要以此为借口从不帮别人的忙，这不是我要强调的。我只是想让你因恰当的理由而帮助别人，而不是因为你不会对他们说“不”。

在拒绝他人与如你所愿之间把握好分寸是十分重要的。我并不是将拒绝视为每次最终决断时的致命点，但是假如你头脑不清醒或者日记里没有记下，那么将会有很多事如同乱麻一样等着你去一一理清。你打算如何组织大家度假？怎么为夜校学习安排时间？如何写一份让你老板备感惊喜的报告？怎么给自己留出时间来沉思？或者其他的任何想法。难道你想仅仅因为你不善于对别人说“不”，而致使自己整日疲于奔命地去完成答应别人的事吗？

给他人以选择方案

不想对他人说“不”的人大都认为让别人失落是件粗鲁、不友善的事。仅仅是因为不忍心说“不”，你觉得自己应该成人之美，而不是冷眼旁观。

是的，很好。你也仍然可以帮助他们，但请别仅仅会说“是”。你可能误以为他们只需要你的帮助，但事实上不是。假如一位邻居请你帮忙照看孩子，而你却恰恰没有时间。难道你在拒绝他的时候不觉得让他失望了吗？事实不是如此……因为实际上并不是非得要你来照看孩子，这位邻居只是需要一个能照看孩子的人而已。

如果你能帮他想到一个解决办法，但又可以脱身，那就是个两全之策了。

所以，你可以告诉他们说："我不方便，你们没试试问茱莉吗？"或者说"我今晚实在不行，如果需要的话，我下周三可以帮你们看孩子，好吗？"

假如一位同事请你帮他顶班，这样他们就可以在下周享受一个星期的完整假期。你很忙，但是也能帮得上忙，便说："下周不行，不方便，25号以后我可以替你顶班。"或者说"我手头有太多活儿了，不过如果可以的话，我可以在整理我的订单的时候帮你也整理一下"。

当然，你完全有权利拒绝别人。我只是试图在你不好意思拒绝别人的时候帮你出出主意。而且，如果你的邻居或者同事感觉你已经帮到他们了——即使事实上你并没有答应他们最初的要求——他们也倾向于在你下次需要他们帮助的时候伸出援手。

做好持续的记录

其他人不会像你一样关注自己想要得到的东西。你在帮助他人实现他们的目标时花了多少时间？我希望你有时也能为他人提供帮助，但你自己的事情才是真正需要你投入的，不是吗？这对每个人来说都是如此。他们不会事事都像你一样那么关注，可能会需要你的提醒。

谈到这里，你也许该提高警惕了。当一切工作都顺利进行时，天空中阳光明媚，最近还有小小的账单需要支付，人际关系相处融洽，视野范围内也没有乌云，时间在不知不觉中溜走。突然，你意识到好几个月已经过去了，你即将要面临问题了，而你却仍旧没有得到自己想要的。

所以，要一直提醒自己，提醒父母、领导和其他需要被提醒的人，你从来没有忘记自己该做的或是想做的。隔几周就提醒你的领导说你热衷于尝试花更多时间与顾客打交道的职务。记得问你的父母（别老唠叨），他们是怎么减少工作时间的。确保你的姐姐或妹妹的心思放在重大家庭计划上，多问问她需要你帮她做点什么。

如果你不按上面说的做，其他人（包括你自己）怎么才能知道你并没有改变你的计划呢？这对你来讲也着实是很重要的吧？

明确何时应该道歉

有些人不管发生了什么事都会道歉，我猜，他们只是想息事宁人罢了。坦白地讲，这样做也不是我的个性。但我料到这样做是为了和解，理论上来讲是件好事。但做过了头就不是好事了。我见过很多这样的情形，有人在别人走路撞了他们的时候说“对不起”；有人在很明显是别人没有认真听而导致混淆的时候自我责备；有人为端上烫烫的食物而道歉，但没人会自己注意到菜肴上面还冒着油泡；当简报在预约期限内修改了两天时，有人也会为传送报告迟了而道歉。

如果不是你的错，请不要随便道歉。你也不必责备其他任何人，事情弄成这样糟糕的地步，你可以表示遗憾，但当你并没有做错任何事的时候，请不要说“对不起”。

你可能会想，这与你实现自己的意愿有什么关系呢？好吧，我来告诉你。这又回到了关于信心的话题上。假如你展现出靠得住、有信心和可信赖的形象，那么别人会更加对你有信心，尊重你，信任你。这并不是什么高深的科学，对吧？所以，如果你一直道歉的话，将会让别人潜意识里产生你总是犯错误的印象。如果你总是搞砸事情，凭什么银行要借贷给你呢？为什么领导要提拔你呢？你父亲怎么能放心把车借给你呢？为什么妻子要和你一起共度假日呢？凭什么邻居允许你在花园中间的篱笆上面去掉三寸呢？

清楚表达自己的想法

我曾亲眼见过一个人向一位低调的朋友请求帮助，这位朋友用一种迂回的方式拒绝了他，而他却信以为这位朋友答应了他，而且一直按这种想法在行事。那位朋友对于他老唱“反调”很厌烦——却没有意识到那个人是多么的迟钝，他没有明白自己的意思。以下是对话过程，我们暂称他们为山姆和阿里。

山姆：“我只是带着杰西去公园里玩秋千，如果你愿意的话我也可以带赫斯特一起去玩？”

阿里：“呃，这个提议确实不错。我也对此很感兴趣，我一直认为我应该亲自照看她，但我又有点愚笨。我的意思是，将会发生什么呢？我会挺好的。”

阿里意思是“不”，但是山姆听到的却是“是”。阿里本可以简单地说个“不”字，但她害怕那样对山姆的好意来说像个粗鲁的拒绝，所以她委婉地试着尽量避免提到“不”字。在整个事件中，阿里进了厨房五分钟，出来后她惊慌失措了，赫斯特不见了。我告诉她说山姆带着杰西和赫斯特去公园了。阿里对于山姆在她说了“不”之后仍然这么做的举动很震惊，但是我和山姆都没有听到她说过“不”呀。

这仅是讲给你们听的一个小小的道德故事而已（这个故事有一个开心的结局——赫斯特在公园里享受了一段美好的时光）。如果你也是讨厌直接说“不”字中的一员，那么请你尽快改正吧。假如你感觉有必要，就说出你的选择，但是确保在起初就明确无疑地说出“不”。

你可能并不像上面这位朋友一样，也许你很清楚假如你不是顾虑重重，那么就可能显得有点唐突。也许那只是你对语言运用的选择，也许那仅仅是你自己的方式，或者皆而有之。你是那种直接把铁锹叫做铲子的人吗？或者即使有时可能会产生误解，你也打算以礼貌的方式表达吗？

你必须注意到这两种方式都不会有助于你从他人那里得你所想。假如别人在意料之中会对你说“是”，那你就让他们说得更轻松些。事实上，你想让他们难于开口说“不”，你得让他们喜欢你。

他们喜欢你、尊重你，这样他们就会支持你。以一种特定的方式表达你的要求，使得他们的拒绝看起来会是无礼的。

因此如果你想说的话可能会冒犯或者激怒他人，那就在开始谈话前勒住自己，提醒自己不要太私人化或者追究责任，谈话内容要就事论事，而不要论人。还要提醒自己，如果有必要的话，一旦你表达清楚自己的想法就马上闭嘴。

如果你想进一步要求的话，这会是个明智的做法，但本书主要讲的是不求人而能如你所愿。所以我不仅要讲一些直接的请求——我要讲讲所有你对别人的交往方式，因为你想让这些人对你和蔼点。如果你无意中让你的同事在周会上感觉到他自己的渺小无能，那么下周当你工作负荷很重的时候，他就不太可能帮你解围了。如果当你的邻居让你帮忙照看孩子的时候，你说话声调烦躁的话，那么你下次出门的时候他们就不太可能帮你看家了。

做好不同意的准备

有时候当你觉得别人不对时你必须得说出来。这个关乎赢得尊重的问题（人们更倾向于赞同自己尊重的人，不是吗）。如果你能不带任何负面情绪把一件事情表达清楚的话，人们将会更愿意花费时间听听你的观点，因为你能清楚地表达出你自己的想法，而不是鹦鹉学舌地说些你认为他们想听到的话。

这也关乎是否站对了立场，有时你确实认为某人对某种行为过程的观点在道德和伦理上是不可接受的，这种情况下你必须得说出你自己的想法。假设办公室里发生了顺手牵羊的事，每个人都给埃拉冷眼看，因为他们觉得她就是那个嫌犯。但是你明白他们的证据是纯属臆造，你怀疑他们误解了埃拉。这时你不能对此事视而不见袖手旁观——你必须得站出来反驳他们的推测。

任何一个明理之人都应该欢迎不同的意见，只要它是以适当的方式表达出来的。我确实晓得总是存在着这样一群不太明理的人，但至少你可以确保自己成为一个明理之人，而其他倾听你的人将会对你产生更好的印象。优雅地反驳别人的关键是对事不对人。这个听起来需要有点技术性，但是别人做出回应的方式却会大为不同。

你想要避免直接批评对方本人的话，就别说诸如此类的话：“不”，“你错了”，或者“你的坚持是错误的”。我们的目标是对他们所说的话发表评论，并把这种评论作为一个观点来表达，不管你的观点有多严肃。“我并不认为这是它起作用的方式”，或“我很确定假如我们那样做了就会到处流浪”。明白了吗？你需要聚焦到他们所说的推理陈述，而不是针对他们个人。

是什么使得某些人很难相处呢？我会告诉你答案的，其实你已经意识到自己找到答案了。是情绪，尤其是消沉的情绪，而且这种情绪越极致，它就越能发挥作用。当和你相处的那个人生气、沮丧、紧张、受伤、失望、受挫、愤懑、焦虑时，就是你最难如愿的时候。

你猜是什么让事情变得更加棘手？噢，对了，就是你们双方都很情绪化的时候。两个沮丧、气愤、不满、担忧的人，即使不会让问题进一步恶化，至少也会增加你们解决问题的难度。因此你的首要任务就是确保你能很好地控制自己的情绪，努力通过谈话交流让两人情绪得到缓解。注意，我在这里讨论的内容与你的情绪是否合理无关，我只是在讨论如何真正让你得到自己想要的结果。

当然，我知道做到良好的情绪控制不是件容易的事，但只要你一直关注你想要实现的愿望，并认同保持冷静是实现它的最好途径的话，你就会对它有一定的把握。假如你做不到保持冷静，那就先走开，等你对这次谈话很有信心的时候再回来。确实是有足够多的法子应对别人的各种情绪，但如果你都不能控制好自己情绪的话，你很有可能会在对付别人的情绪时碰钉子。

善于表达自己

我刚刚说了你们要控制好自己的情绪，但这并不意味着你们绝不能表达自己的感受。表达自己的感受只需几句话而不是用什么来证明。当然，有时候让别人知道你失望、生气、受伤了或者受挫了都是很重要的。如果别人理解了你的感受以后，他们更可能会给你想要的东西。然而，如果你号叫、生闷气或者泪流满面的话，那都无济于事。

让别人知道你生气了的方法很多，也很简单。你说句“我很生气”就远比你对着别人大喊大叫要好得多。

没有人会想要帮助那些恐吓自己的人——或者那些让自己失落，感觉被轻视，给自己情绪压力，或者让自己感到不适的人。所以，倘若你想要别人帮助你、支持你，就请不要对他们做出这些愚蠢的行为。

事实上，为了顺利进行下一步，你最好说“当……时我感觉很不爽”，然后解释问题出在了哪里。这个表达方式没有非难别人的意味，很好用——因为你是对事不对人的。没有人想被告知说“我很生气，因为你不讲理/因为你不听劝/因为你把自己的利益摆在首位”。相对来说，人们更能听得进去的是：“当我感觉自己说的话没有被倾听的时候/我的利益被忽视的时候，我感到很气愤。”仅仅是一种少些对抗性、多些建设性的表达方式，就会使得其他人更愿意认真听取你的心声。

千万不要情感威胁

没有人会喜欢被情感威胁。有些人可能会屈服于情感胁迫，尤其是不够自信的人，但他们仍然知道你使用了这个伎俩。倘若一有机会他们便会拒绝你。从个人角度来讲，我对情感胁迫很反感，即使他们的要求很合理，我也会设法拒绝他们，因为我很排斥被操控。

“如果你要是不帮我，那我可就真的有麻烦了……”“请问周五下午我能请假吗？我小女儿有芭蕾表演，如果我去不了的话她会很失落的……”“哥们，今晚陪我出去吧，这周我过得很糟，我的确很需要出去散散心，也没什么别的人可以陪我了。”倘若这些话语以一种没有任何情绪压力的方式表达出来的话，那么这些要求就都是合理的。解释说你想为了女儿的芭蕾舞表演请假是不错的，但是加入情绪成分就不好了——暗示你的领导，如果拒绝你的请假就得为你女儿的悲伤负责任。

情感胁迫是一种阴险狡猾地试着实现自己意愿的方式。我的经验告诉我，使用这一招的人可能得意一时，但不可能得意一世。我不想成为那样的人，也同样希望你们别成为那样的人。

除此之外，这种方法最终也不会如你所愿，即使人们不能总对你说“不”，但他们还是会更倾向于拒绝你。

绝不屈服

你自己也需要保持警惕，避免被迫接受情感胁迫的结果。否则，即使你没时间或者不感兴趣，最终也会接受这些事，只因为你对他们感到内疚了。包括我在内的一部分人发现其实避免这种情况是轻而易举的。情感胁迫这种事会激怒我，而我则会对它视而不见。但假如我知道你是个没自信的人，或者你可能去犯罪的话，我就很难做到拒绝你了。

首要任务是先识别清楚情感威胁。倘若你对自己回应某人要求的方式感到内疚或者不适的话，就自问是不是你正在被情感胁迫。如果是，把注意力集中到事情上，别关注他们试图强加给你的内疚感。听着，情感胁迫不是一种负责任的成熟行为。那样做有失公允，而且也具有控制性，那样做的人不配成功，即使他们的要求是合理的。他们的欺骗行为也使得他们失去了成功的资格。

现在，只需练习一下拒绝他人的技术，比如可以尝试“不要……”有时这种技术可以帮助你向对方提出挑战，尤其有效的是，你可以幽默地说：“喏！要小心了，我可能会觉得你这样做是为了让我背负内疚感的哦……”

倘若那样做也帮不了你的话，不妨试试这样：每当你陷入情感胁迫的时候，鼓励对方再去试一次。因此你需为下一位感到内疚的人负起部分责任，下下一位也一样……现在我仅仅是情感胁迫你吗？

尊重他人

每个人都值得别人的尊重，而且每个人都想得到他人的尊重。倘若你铭记这一点，那么人们会更乐意支持你，在你需要的时候帮助你。

你曾遇到过多少邻居、领导、家人或同事让你有时觉得自己不重要呢？也许他们会不厌其烦地倾听你讲话，或者由于你是晚辈他们忽视了你，或者他们期望不提要求你就主动为他们把事办好了，或者他们从不吝啬对你的付出表示谢意。我曾有个领导常常大力赞扬我的想法。我也了解，不少人会因为他们不赞同你而对你大声呵斥。

我也曾有个从不给我倒杯咖啡的同事，只因她认为我是她的晚辈。

还有，我曾遇到过一个重要的客户，他坚持要为我倒杯咖啡，理由是那段时间我比他忙得多。也曾有过其他的领导们赞赏过我的想法（只有这些想法被证明是正确的时候，他们才会赞赏；若这些想法很糟糕，他们便会斥责）。曾有邻居因我给过他们简单的帮助而送我礼物表示感谢。

我很清楚哪些人值得我乐意相助，哪些人值得我耐心去倾听。在工作中、在家庭里，作为家长、作为社区居民，你越是位高权重就越应该尊重他人，这是极其重要的。一般人对他们很看重的人给予的忽视和打击很敏感。所以，即使你并无不敬之意，而只是心事重重、正在繁忙或者在着急，你也一定要记得示意他们，让他们知道你已经注意到他们了。

备足时间

我曾经的一位搭档办事总是急匆匆的。无论何时和她打电话，她总是在月台上等火车，火车来的时候总是不得不打断你的谈话。或者，她在打电话的同时也在做饭，她要检查火炉的时候不得不让你先等会儿。又或者，她正在学校大门口，她儿子出来了，她不得不过去接了，而那时正好她打通了我的电话。倘若我打电话给她的时候（我会尽量避免给她打电话，因为我觉得和她谈一次话很困难），她就会让我待会儿再打过来。

这一切的连锁效应就是她给每个人造成了这样的印

象——在她繁忙的生活中谁也比不上那些琐事重要。你的重要性永远次于她的火车、火炉、儿子（好吧，最后一个也许是一样重要的）。总之，这样做是不尊重人的、是让人恼火、令人气愤和伤人自尊的。

显然，我很清楚有时你确实在忙，那样就没必要在那时接通电话（或者其他联系方式），然后又唐突地挂掉电话。总之，在你开始谈话时，你没空，就请提前声明。不过百忙当中，你也要拿出充足的时间让你能和别人隔着篱笆聊天，或者一起喝杯咖啡，或者复印资料。这些时刻都是别人能够真正认识你的机会，你愿意花时间跟他们在一起，这样就足以证明你对他们的重视了。这样做可以让人们更倾向于支持你，再说了，在你们的交往中你们都会有所得，因为你们双方都从这样的交流中收获了美好的感觉。

做个讨人喜欢的人

这一点是个人都明白，假若人们喜欢你，他们会更想要帮助你，巴不得在你没开口问时就来帮你了。毕竟，这关乎你给别人的感觉，不是吗？

讨人喜欢并不是什么困难的事。你没必要非得成为派对的焦点、每个人的最佳舞伴，你也可以做个安安静静惹人喜爱的人。事实上，如果你认同这一点，可能你会喜欢上几个和你缺乏共性的人，甚至会觉得有点刺激，只要这种刺激没什么大碍就行——比如，喜欢絮絮叨叨，或者有点愚蠢幼稚，或者在正式交谈时从不静坐聆听。

其实招人喜欢不难，就是要做到真诚坦率、平易近人、和睦友善。多一个温暖的微笑，多一点合作的姿态，不要生闷气，不要独断专行，不要性子急躁，不要爆发消极的情绪。基于以上的标准，做一个坦荡荡的君子吧，直截了当地说出你的意思，别在背后抱怨、欺骗，或者傲慢。好好学习一下你认为讨人喜欢的人吧——不是指你最好的朋友，而是那些你不太了解却喜欢的人。你将会发现他们都符合以下标准——坦诚、谈得来、优质的倾听者（谈话时不都是关于自己的事），你讲错话时也不必感到尴尬。

培养幽默感

我不确定你恰好就拥有不错的幽默感。而可悲的是，幽默感这东西又买不来。人的性格各有不同，有的人就比较有幽默感，有些人只是有趣而已，不是幽默，但这也不错。我在这里要说的是，无论你的幽默感是什么样的，一定要展现出来，只要它不是尖酸刻薄的或者残忍粗暴的就行。

有些人似乎认为幽默感会削弱他们的权威和严肃性。所以他们在工作时、在教会议事席位上、或在学校管理委员会上都把幽默感抛开了。

在我看来，笑容使得生活更加美好。你让别人笑得越多，他们对你的好感就会越多。这才是你的初衷，讨得人们欢心，他们就会乐意为你效劳。

然而事情远不止于此。幽默感是种很独特的潜质：每个人都有种独特的幽默感，我们运用它越多，它就越能彰显我们的个性特征（当然，是以一种积极的方式）。当你把自己的幽默感收起的时候，你也就失去了很大一部分幽默的自己。所以请尽情释放你的幽默感吧，不要害怕看到事物有趣的一面，同时也让他人看到你的这一面。

真诚做人

我想你也非常清楚人人都喜欢与真诚的朋友和同事相处。问题在于大多数不真诚的人都妄想他们能够不被这个难题困扰。倘若人人都认为你是个真诚的人，那好，这就等同于你本来就是个真诚的人，不是吗？先暂且不谈道德问题，是的，这样可能有恰好一样的效果。但不是每个人都这样想的。

在此，我并不是讨论偶尔地抱怨交通堵塞让你迟到，而事实上你清楚迟到是因为自己的错误，比如因为做饭时切东西太细耽误了时间。我这里谈的是为了达到你想要的目的而有预谋地不诚实，即以欺骗的手段先发制人，用撒谎来推卸责任，用虚伪的手段来达到自己的目的。

不要想当然地以为你与此无关。可以肯定的是，你可能与个人具体事例无关。你甚至可能足够聪明到让你的不诚实奏效。但是其他人能感觉到你的不诚实，一旦感觉到你不真诚，他们就不太愿意帮你的忙。也许，是你的肢体语言出卖了你，或者你表现得有点假惺惺了，或者有些细节你忽视了。别人可能不会就此给你贴上人品标签，也并不能证明你虚情假意——甚至没有任何证据，但他们也会大致清楚自己不是十分信任你。

最好过一种无须你撒谎、欺骗、作假的生活。不就是诚实做人嘛，有什么难的呢？

常抱感恩的心

从小我就被教育要常常把“谢谢”二字挂在嘴边，假如我没说就会感觉很不自在。这就如同一旦我起床了没刷牙就会感觉到很不舒服，真是有点奇怪哦。事实上是我母亲把这些习惯灌输给我的，她曾在学校里被老师记了两个黑色标记——第一个是因为不良行为，第二个是因为厚脸皮地为第一个错误说“谢谢”。我的母亲曾辩解道，她一直被教育当被赠予什么东西的时候一定要说谢谢，只是她的老师不理解她的幽默说法。

其实我母亲的做法是对的（从原则的角度来讲）。我们也许不能总是察觉到自己应该感谢他人的时候，但当我们被感谢的时候我们必定会注意到。所以，看在上帝的分上，不要让他人的贡献被埋没掩盖。无论别人的贡献多么微小——没有人会抱怨说自己不想被感谢。

感谢他人会让对方自我感觉良好起来，这会使得他们感觉到温暖、被欣赏和被关怀。这也使得他们觉得值得费心劳力去帮你的忙。当然，给他人造成此类的感觉也有它本身的价值。最重要的是，这使得他们乐于为你再次帮忙，因为他们知道自己不会白白付出，因为你是心存感激的。

不要做太多

有些人可以把任何事都处理得井井有条，就算是天塌了下来，他们也照常按部就班地前行。他们有一份繁忙的工作，供养着一个大家庭，外加在几个慈善机构做志愿者，任职于一两个委员会，而且仍然还能有时间每周打两次网球。显然他们就是世界的主宰者之一，貌似并不需要任何帮助和支持来处理这么多事务。

所以没人为他们提供任何帮助。这是很明显的。而事实上，假如你想要完成什么事的话，他们恰恰是你需要求助的人。

这些人的确挺了不起的，即使碰巧你是这些人中的一员，你需要帮助的时候是不会有人帮助你的。每个人都打心底里觉得你确实不需要别人的帮助。假设，你真的寻求帮助了，理想状态下你也许真的能获取一些支持，但别人不必有任何责任感，因为事实上你并不需要他们的帮助。你自己可以搞定，你一贯自己去做。

由此看来，这个故事想告诉我们什么呢？倘若你需要别人帮助你如愿，那么就请你别给他人留下你不需要帮助的印象。卸下那貌似可以处理好任何事的面具吧，不时地承认自己也有点人性的弱点，人们可能会对你更友好。毕竟，能事事周全的人确实有点可怕哦。

额外多付出点

这是个很棒的策略，我很青睐它。当我每次做的要比承诺的更多时，我很享受人们脸上的那种表情。它让我感觉很好，也让他们感觉很棒，我们得到了双赢。那该有多酷啊！

这一原则很简单：无论你说要做什么，都多做那么一点点。当你帮邻居照看孩子的时候，也可以把厨房里未洗的餐具清洗一下。假如你承诺将在周四递交你的报告，那就周二递交吧。假如你的伴侣期望你在他生日的时候请他吃顿大餐，那也送他一束鲜花吧。你要是借了你父亲的汽车，那就在归还前把车子洗一下吧。当你的朋友经历了丧亲之痛后想要回公司上班，这段时间就在他冰箱里放些食物吧。

多年前，我们请一位客人吃了顿圣诞晚餐，也收到了一件可爱体贴的圣诞礼物。不仅如此，她是个很聪慧的裁缝，注意到猫咪们把我家的一个坐垫撕得破破烂烂的，她执意要带走那个坐垫修补，几天后它被邮寄回来了，看起来焕然一新。多么慷慨啊，由于她总是很充分地感谢我们，我们更加喜爱她了。

明白了吧，你所做的事为别人的生活增添了比期待更多的阳光，会很有成就感。看着他们意识到自己是被关心的和被重视的，这种感觉真的很棒。这必将使大家认可你的加倍努力，说实话，无论如何这样做都很值得。

出于某些原因，当我们谈及某人的慷慨时，总是倾向于暗示这些人愿意付出或分享物质的东西，比如像钱或财产等。这当然是一种很普遍的看法，但不是所有人都有足够的物质去分享，也不是所有人必须和我们分享。但我们还有些别的东西可以来分享。

分享时间怎么样？你愿意慷慨地贡献出你的时间吗？假若有人让你去参加一个聚会，或和他们共度几个小时，或代他人出席孩子的学校仪式，或帮忙把他们的车从垃圾堆里拖出来，你总是随时准备着答应吗？还是说你更喜欢沉浸在一本好书里，或者去做未完成的工作，或窝在家里看你最喜欢的电视节目来打发时间？让我告诉你吧，事实上，你将会得到更多的帮助——也许不完全是，但基本上是这样的，因为你越出了你的常规生活，任何事都可能会发生，小到一次有趣的谈话，大到一次非凡的冒险。你永远不可能知道下一刻会发生什么事，尤其是那些不寻常的事，即使这些事看起来很平凡。

你所能慷慨施予外界的另外一样东西是——知识。你一定知道些别人不知道的东西。当然了，你可以在当地青年俱乐部放映一段绝版的动画，或聚集一堆小孩子给他们弹奏吉他，或向你的年轻同事展示如何使幻灯片演示文稿更出色，或者给人们谈谈你的专业学科。在跟别人慷慨分享你的知识技能时，你会感到无比开心，收获大大的满足感。

人人都喜欢被称赞，无论是一件令人赞叹的作品还是选择了一件很有范儿的衣服，一次慷慨的举动还是一个聪明的点子。所以给他们想要的吧！他们会因此对你抱有好感的。

出于某些原因，赞扬别人有时会坏了自己的名声。有些人误以为太多的夸赞不是件好事，或者那样听起来感觉言不由衷。如果你担心这点的话，就请记住以下几条准则吧。

● 适度称赞。不要仅仅是因为对方提交的报告比较整洁而统统予以赞扬。适度地认可他们，要为真正的杰出成就保留着真挚的盛赞。

● 不要担心称赞不真诚。道理非常简单：如果称赞是真诚的，它听起来就是真诚的。如果是你编造的话，那么它听起来就像阿谀奉承。需要你改变的事就是你要让自己听起来已经这样认为好久了，而不是为了赞叹别人而临时现编的鬼话。

● 谨记一点：你的称赞代表着你的主要价值观。如果你只是赞扬别人聪明，他们就会认为智慧对你来说比较重要。如果你同时称赞别人的努力付出和实际收获，那他们就是觉得你同样看重努力与结果。因慷慨、勤奋、考虑周到、勇敢、敏捷等诸如此类的事而称赞他人，就意味着你在昭示他人你也很看重这些品质。

忠诚

也许你的伴侣有点爱出风头，但你也没必要见人就说（我希望如此）。也许你可以和你的密友、母亲、兄弟抱怨一下，但对外界你就得守口如瓶了，任何批评之语都不能说出口。

对你的最佳搭档也是同样的道理。你也许可以告诉他说他有点不负责任，但在其他人面前就千万别这么说了。至于你的领导，他不关注细节吗？这也许是你的看法，但别和部门的其他人提及这一点。

我说得对吗？如果不对，为什么呢？是这样的，我所说的关于忠诚的重点不是指你所要忠于的那个人，而是指你自己。忠诚是一种态度，无须时刻挂在嘴上。你不能因伴侣、朋友或领导的优缺点而决定是否要忠诚。那也不叫忠诚——那只是表达一种看法。忠诚其实是无论你的个人立场怎样，都会为某人提供支持的品质。无论你是否同意他们，无论支持他们是否有难度，无论对你是否有利。

有趣的是，忠诚必定对你有利。当人们见证了你忠诚的时候就会认可你，无论你是怎么评价你的伴侣、朋友或领导，人们都会赞同你的忠诚。并且大家也会意识到，如果他们和你在一起的话，他们也能恰好依靠你的忠诚，因为你不会因风言风语而改变自己忠诚的品质。无论如何，你天生就该是个忠诚者。

不要在背后议论人

我记得曾经有一位同事——约翰很受欢迎，为人幽默风趣，是位不错的搭档。我们曾经六七个人一起工作，相处甚欢。有一次午餐时间，我和他一起出去吃东西，他就开始对我们工作组中的一位女孩碎碎叨叨起来了。我确实不太喜欢这样，这样也让我在想：他在我背后会说我些什么呢？

你也明白，这不仅是这个可怜的女孩的问题，倘若她知道发生了什么（其实最终她也知道了），便会感到受委屈了。我当时并不确定想要成为他的朋友。那时和约翰在一起每天都很开心，但我很确定自己没有告诉他任何私人的事情，在那以后我再也不信任他了。

无论你对他人的看法有多么公正，背后议论他人都会置你于不利之地，使你给人的感觉不够忠诚。倘若没必要去说些什么，那就闭嘴好了。我并不是在说你不能出于正当理由把重要的信息传递给需要了解的人。当然，你和你的搭档或者密友可以开诚布公地讨论自己对他人的看法。你也清楚，这根本是两码事。我们都清楚，当我们在撒泼的时候都会试图给自己一个正当的理由，但这种掩饰确实会使我们的自我形象大打折扣。

学会接受批评

我已经注意到，一般能很好地处理他人批评的人大多是自信的家伙。他们执著地坚持着自己的价值观，以至于被告知有一个小缺陷时也不会立即质疑自己的全部价值和能力。试想假如你告诉一个不自信的人，说他不能一直保持认真倾听的状态，他会认为你的言外之意是你不喜欢他，他是无足轻重的朋友，他应该在每次和别人交流时感到尴尬和羞愧。假如你告诉一个自信的人，说他不能一直保持认真倾听的状态，他则会想：“是的，我确实不能一直保持认真倾听的状态，我得改变，应该为此做些什么。”

当然，某些表面看起来自信的人在私底下并不一定足够自信。假使你对自己是否能够很好地处理批评没有信心，那你也得假装自己能够做到。这并不像听起来的那么糟，因为在一系列的锻炼之后你会发现，事实上很多建设性的批评对你而言并不是灭顶之灾，反而对你很有益处。你也会因坦然面对批评而愈加受到尊重。

你也见过人们被批评时的情景，哪些人更使你印象深刻呢？是那个抵触或绷着脸的人吗？还是那个说“谢谢你的建议，我会好好考虑”的人呢？当然，并不是所有的建议都是到位的，但如果大家都知道你能够没有硝烟味儿地面对他人的批评，在你第二次需要他人的观点时，他们会很乐意给你一个真诚的回答。

看看，这就是好事。你是愿意大家都知道你有个缺点，但却因害怕你的反应而不能向你道出来，还是更喜欢知道自己的缺点后加以改进呢？

敢于承认错误

敢于承认错误与接受批评是两码事，但却紧密相关。我们都清楚每个人都会犯错误，假若你不承认自己的错误，你也糊弄不了别人。然而，也许你会有点高傲或者浮夸，或者只是没能意识到自己的错误所在。

我并不是主张到处去忏悔，承认你所记得的每件事情，你只需表现出些许的谦逊即可。你不必担心这会彻底影响别人对你的印象，即便很显然你犯了错误。恰好相反，你照直承认，人们会因此而更加尊重你。

过去犯的错误也一样。如果你坦然接受自己的错误，那将使你给人以人性化的、温和的、诚实的、真诚的和谦虚的感觉。这些都是不错的印象啊。

提醒你一下，承认错误有一种情况例外。多年前，我曾有个朋友事事都会迟到，这让任何人都会十分恼火。我记得她对我说过：“我在时间管理方面很糟糕，我也清楚，但至少我能承认这一点。”我就在想：“你的意思是你知道自己的错误，你也意识到它带来的不便，难道你就知错不改、照犯不误吗？如果你没意识到你的错误带来的麻烦，我也能勉强原谅你。但如果你知道自己在干什么，那就不可原谅了。”一旦你意识到自己的错误，承认却不纠正错误并不能使你免于任何责任。恰恰相反，觉察到错误后还要承认它，而且必须改正它，知错能改，善莫大焉，这一点要牢记啊！

多个朋友多条路

你想要获得某些东西——一份满意的工作，一套舒适的大房子，一个像样的假期，一种平静的生活，工作中的一次重大举措，或者给你年迈父亲的一件不错的护理套装。无论你想要什么，你都要在没有援助的情况下争取得到它。但假使有人助你一臂之力的话，你将会轻而易举地做到，无论是在工作上还是在家里，无论在办公室、邻里间，还是孩子就读的学校。

在你知道自己下一年甚至五年内想要什么之前，这个道理都有效。你的人脉关系越广，在你需要的时候就越可能找到为你伸出援手的那个人。倘使你是个孤僻的人，那么得到自己想要的东西就会难得多。

因此，请走出去吧，多多接触各色人等，广交朋友。去了解你的同事们——即使你没什么事也在工作后和同事们偶尔喝个小酒。去参加居委会会议或孩子的家长会，抑或体育俱乐部的一项活动。多和人们聊聊天，试着去多了解他们，在别人需要你帮助的时候伸出援手。将来，你会发现自己需要某人的帮助，也许是个懂汽车的人，也许是个了解当地议会的人，也许是个之前和特殊客户打过交道的人，他能告诉你如何申请、提名你作为议会委员，让你接触一位好律师，在财政总监面前为你美言，等等。与你相处甚好的人越多，你越能清楚自己恰好需要什么样的人。

学会适当倾听

你肯定认为倾听是一项基本技能，但是你多久和别人交谈一次呢？交谈中你们双方都提及上次谈话中的主要意图，但你们有各持己见的情况吗？“你说过你在回家的路上会顺路买些牛奶的啊！”“不，我说的是我可能没时间，而你说你会去买……”瞧，我只能说至少你们中的一个人没有认真听对方说，甚至双方都没有认真听。这样就会导致有时晚上要用喝红茶来代替牛奶，甚至有时结果会更糟。

有很多事情会妨碍你认真倾听他人，将其一一记下来吧：

- 一旦你听到别人说的一句话就无暇思考你要说的话了。
- 刚刚听到的一些话让你的思维跳转到另外的轨道上了。
- 你自以为自己知道对方将会说些什么。
- 你很烦躁。
- 你并没有真的理解对方所说的话。
- 你被噪音或者其他活动分散注意力了。
- 你当时很匆忙。

如果你想和别人有效对话——喝茶的时候不要提及牛奶的事，你需要确认这些事都是在什么时候发生的，别让自己走神。如果必要的话，你要说：“抱歉，我没听到，你能再说一遍吗？”或者说：“我刚刚开完一个会议，现在有点累，注意力没法集中。我们可以稍后再详谈吗？”

没有人会介意这种回应，因为这意味着你想要认真地听他们说。夸张点说，人们都喜欢被倾听，所以就把自己训练成为一个真正优秀的倾听者，而不是伪装的。

清楚自己做出的决定

并不是所有的谈话都会得出什么结论，但一般都会谈出个结果。但是事情过后一阵子，每个人还会记起那个已经做出的决定吗？这就是为什么我们要有会议纪要了。你可能会记下早晨和你的爱人关于谁去买牛奶的谈话，但就我个人而言，如果我的爱人在七点半我正要跑出去买牛奶的时候她才准备去买，我会很恼火的。

另一方面，你确实应该知道谁该去买牛奶。所以你要养成谈话结束后有个定论的习惯。“好，这样就是该我去买牛奶了，到时等你六点半回来见。”这比你蛮干重要多了。清楚地知道自己是否要给别人回电话或者等别人打过来是很重要的。你的领导叫你在这个周五或者下个周五提交申请了吗？如果你总结了说过的话，并认真听了自己的总结，你就很清楚了（这听起来就像拟定草案，但很可能你会自动总结，却不知道自己说过些什么——我就这么干过）。

假使这次讨论很重要，尤其它是官方的或者工作上的，把你对最后决定的理解发邮件给他人是很理智的做法——这样他们就能确定你所理解的是不是当初他们所说的话（看到了吧，掉进迷魂阵是多么容易啊）。给你的领导发送个快捷邮件："感谢您今早抽出时间与我交谈，我想确认一下，我最迟得在下周五提交我的申请吗？"

察颜观色

人们常常不会说出他们在思考什么，至少不会用口头语言的形式来表达。但那并不意味着你无法知道。我们经常无意识地用我们的肢体，而不是用嘴来表达，你如果能读懂这些信号，你将知道其他人真正在想什么。也许，同你说话的人有点生气，或者是紧张，抑或平静地掩饰自己对此不感兴趣。

用你的直觉忽视那些你听到的关于某些人的事情，而另外一些人却相反。任何人都可以学会读懂身体语言。事实上，如果你不是直觉能力特别强，你真的需要学习一下。其实也就是训练你自己时刻记得捕捉肢体信号。

如果你很小心谨慎，那么读懂别人的身体语言并不难。我还要告诉你个要点——当肢体语言和他口头说的话自相矛盾的时候，那么就以肢体语言为准。不信的话，你可以赌一把。

因此，你该注意点什么？一般说来，放松而自信的人看上去就是放松和自信的。很抱歉我说得有点简单化了，但事实上它的确很简单。他们无论是站立还是坐着的时候，都是一种放松的状态，手臂放在身体的两边或者放在大腿上（如果他们手中没有拿什么东西的话），他们很容易发笑。神经紧绷的人（一般是生气的、焦虑的或者匆忙的）更可能把他们的双臂和双腿交叉起来，显得坐立不安，掰着自己的手指或者是僵硬地紧握双手。生气的人听上去很紧张，身体前倾并且经常紧握自己的拳头。不耐烦的人经常会盯着你的肩膀或者是看手表，尽管他们会说对你的谈话内容非常感兴趣。

这里唯一的难点就是发现这些信号，而事实上读懂它们则是一件轻而易举的事情。

生气挺无聊的，如果你能克制生气就别遭那份罪了。但有时人们还是没办法控制自己的脾气，而且有时你就正好撞在枪口上了。倘若是你的错，你所要做的就是赶快认错再道个歉，尽力去弥补改正。但假如不是你的错该怎么办呢？也许一个客户对你们的安排不满，而此时接起电话的人恰好是你，或者你正好路过柜台。抑或你的邻居抱怨你家的伐木工砍倒树时压到了他家的篱笆，而事实上你从没让他们这样干。你又该如何处理此类事情呢？

首先你应该保持冷静，无论这个情况有多严重，倘若你也生气了，那么事情会更糟糕。你需要做的是搞清楚对方为什么会生气——也就是因为他们自认为没有得到理想的回应方式，因此告诉他们的时候也千万别抬高嗓门。开始时你可以只听不说，如果你没有对他们喊叫，或者不停地告诉他们要冷静（当你感到恼火时，你这样说会很容易激怒他们），他们就会意识到你其实是想认真听他们要说的话。这样他们就会很快冷静下来了。

而现在你应该同情他们了。这并不意味着即使不是你的错你也要道歉——只是要让他们知道你很理解他们生气的缘由，而你也认为生气是应该的："我能理解，那一定很伤心吧。"好，你做得很好。深呼吸，然后，不要用冗长的解释来浪费时间——这也并不是他们想要听的。仅仅是一句简洁的切中要害的话就够了："我绝对没让他们把那棵树砍倒。"

话说到这里，他们会稍稍感到些宽慰，但他们仍想做点什么，所以，做些你力所能及的事帮帮忙吧。给他们一部分退款，或者赠送一份礼券。提供他们喜欢的新树苗用来代替这棵老树。如果你能很有效地平息别人的愤怒，那么也就相当于促进了你们之间的关系。

莫理会有预谋的生气

好的，现在先把我以前说过的关于生气的一切事情忘掉。至少当你面临的是不可理喻的生气时要这样做。一些人使用生气来独裁、威胁、欺凌、恐吓或者胁迫你去做他们想让你做的事情。这完全不同于正当的生气，因而要有一种截然不同的回应方式。他们想用孩子式的无理取闹，那你就以其人之道还治其人之身，你就用对孩子的方式应对他们的胡闹吧。

万一你没有孩子，我就解释一下具体的技巧吧（并且可能让你在有孩子时可以轻松应对）。首先，你需要平静地告诉他们你不愿意接受这种喊叫、谩骂、欺凌、恐吓的说话方式（你不是逆来顺受的人），并且告诉他们，如果不平静下来你就会离开。然后，假如有必要的话，你就威胁他们说，如果他们不停止喊叫你就马上离开。如果他们下次见到你还继续这样，你也继续给他们和上次一样的脸色。

我知道这很难，假如你面对的是一个长者或者是看上去比你年长的人，你的老板或者你的叔叔或者是居委会的领导，该怎么办呢？但是，人人生而平等，你也应当像其他人一样受到尊重。他们又能对你做什么呢？他们不能因为别人无惧他们的恐吓而去管束他人。事实上，这些人很快就会知道他们的这些伎俩对你不起作用，并且他们会及时停止这样的无理取闹，因为当你不按他们计划的作出回应时，他们就会被看做是成心胡闹的坏蛋。

向他人展示成果

我曾有个助理（我曾经是那种有助理的人），她工作很勤勉，每天都按时上班，一直工作到回家时间才拖着疲惫的身躯离开。无论何时我叫她做事，她总是立刻出现，手里握着笔记本，认真地记下要做的事。

我也不知道她整天在做什么，但不管做什么她都很勤勉。我不知道她在做什么的原因可能是出于并没有很多工作成果能证明她的工作成效。也许是她给我接通一个电话，或者是从文件柜里取出某样东西，但这些事我都可以自己做的。除此之外也没觉得她做过些什么，除非我很具体地说出我想要什么、在什么时间、以何种方式等。那样，我想要的才会在美好的一天里出现。

我感觉她时常在安排事情。她用的是曾在学校里安排作息时间表的方式——它会花费很多时间让你的日程正好排满，以至于没有多余的时间再去调整它。问题是我真的想去做些其他事，我想保养一下我的车，我想搞定一个大客户，我想和另外四个大忙人见个面，我想在我出行前一天有张车票神奇地出现在我的办公桌上。不，这些想都别想。尽管备案系统是完美无瑕的。

你的领导想要看到成果，实现目标，或者最好是超额完成。你的伴侣希望这个假期出去玩玩，或者割草机能正常工作，你的孩子们想要几张电影票，五月博览会的委员会想让白象展厅准备完毕接待参观者，人们都有希望发生的事情。不仅仅是要听起来很吸引人、看起来很美好，更要这些事都实实在在地发生才好。你清楚自己必须去做的事，那就去做吧。

成为组织中的一员

你是团队中的一员，家庭、公司、议会——我不知道你从属于哪种团体，但你确实是团体中的一部分。当我提到诸如此类的事情时，团队这个词也许不会浮现在你的脑海，但其实它是该出现的。你应当把自己归属的凝聚性群体视为团队。这来得更自然些，你可以学着去这样看待。

群体中的其他成员都像是团队一员，你也是，谁都不例外。如果人们能把你当做他们当中的一员，那么你将会享受更好的待遇。因为除了对你友好别无他选。如果把群体看做是个各自为政的整体，在提到公司或委员会时称作“他们”而不是“我们”，人们会察觉到这些的，你应该清楚。如果你不是团队中的一员，请不要说“我们”，不要评论它的成败，那样会使你拉开与它的距离。那样做并不友好，也不忠诚。

这个道理很重要，通常在家庭中是最容易说得通的，你一直认为自己是家族中的一员。然而在工作中或在其他官方单位中，这却是一个挑战。但这正是问题的关键。如果你想要其他人给你最好的结果，获得他们的支持，至关重要的是不要给他们留下你跟他们立场不同的印象。假使你们总是凝聚在一起，都是同一团队中的一部分，那么他们会感谢你的付出，并且不遗余力地给你所需要的全部支持与帮助。

勤勉工作

这一点是无可取代的，绝不能投机取巧。

人们喜欢帮助那些勤奋的人。倘若你想要得到帮助，那你就需要自己把大多数该做的事情都做到位。如果别人看到你无所事事地在摆弄自己的手指，没人会乐意替你去苦下工夫的。

我不是说你要一天24小时不间断地工作。除了工作之外你也需要去干些别的事，休息和娱乐，每个人都晓得。但你需投入足够多的时间到工作上，当你的时间分配到工作上时，这才是你该做的正事。

听着，没人欠你什么。我们在辛勤工作的时候，再加上点运气，一般都会得到自己想要的东西。如果你想要某种东西，你就得工作。你必须坚持不懈，埋头苦干。总之就是这么简单。

俗话说得好："既要低头拉磨，还要抬头看路。"勤奋的确很关键，但工作方式必须得对。你问我什么是对的方式，不，我不能告诉你对的方式究竟是什么，因为每个人的情况不一样。我只能说当你应该调整自己的时候调整时间表是没有意义的。许多勤勉工作的人因为没有被升职而感到委屈，因为他们比团队中的任何一个人投入的时间都要多（实际上却没有达到自己的目标）。

如果你想要得到什么，那就得确保你把自己的精力投入到了正确的方向上。因为最后看的是成果，而不是你付出了多少努力。你该如何分配你的工作时间决定于你想要达到的结果。倘若你能毫不费力地实现你的目标，那你的目标就定得太低了吧。记住，人们必须看到你和他们一样在努力地工作，否则当你需要他们帮忙的时候，他们不会乐意比你还辛苦地帮助你。

所以，为了得到你想要的，就要计划好你需要去做的事——去夜校充电，达到预期销量，还清账单，拿到资格证书，减掉脂肪，等等。然后再想想你该在哪里下工夫，努力让自己梦想成真。什么是至关重要的呢？就是那个你该全心全意投入工作的方向。

心想事成

你有很多美丽的愿望想要实现，期待能够心想事成，因此你有很多理由阅读这本书。书中很多愿望与工作无关，当然有很多是与工作有关的，但我最常听到与此相关的就是薪水涨了和升职了。事实上，即使这并不是你的最高愿望，但假使给你一次提薪或者升职的机会，你也不会拒绝的。

我也会告诉你大多数人都错在了哪里。有种假设是这样的，假如你的工作干得出色，而且你也干了很久了，那么某种程度上你应该得到加薪或升职。错！听着，时代不同了！你的领导不可能无缘无故就给你升职的。所以，你最好给他个提拔你的不错的理由。

这就是个很好的实例，不仅要你努力工作，也要你在正确的事情上投入才行。如果你能证明自从你加入工作以后给公司带来了比他们预期更多的价值，那么你就能加薪或升职。这就意味着你必须向他们展示你是如何做到以下这些事情的：

● 你正在超越自己预定的目标。

● 你正在为团队赚取或者节省比他们预算的更多的钱。

● 由于你积累了资历或者经验，你也更有价值了。

● 你为原本不在你职责范围内的事承担了额外的责任。

● 你比那些比你赚得多的雇员更有价值，绝对属于“物超所值”！

这些都会大大提升公司领导对你的认可度。勤勉工作本身并没有超出你当初签订协议时规定的职责范围，但是所有的事实都已证明，不断提升的个人价值就是你真正强劲的资本，加薪或者升职，你值得拥有！

第三部分

成功赢得他人的帮助

咱们打开天窗说亮话，你要是能更多地赢得他人的帮助，那么你自己就能在成功的道路上少走点弯路。你肯定也知道，很多人在开口寻求你的帮助时总是得逞，这里的原因多种多样。可能是因为他提出的要求比较简单易懂；可能因为你不费吹灰之力就能帮到他；可能是因为他寻求帮助的时机恰到好处；可能是因为他采取了一种很艺术的沟通方式；可能是因为你之前就欠他一个人情；还可能仅仅是因为你喜欢他这个人，发自内心地想帮助他。

不管你是否会因为直截了当地提出请求而感到难堪，也不管你是否愿意采取迂回战术去寻求帮助，反正有一点是毫无疑问的，那就是你越是能轻松搞定肯出手相助的“贵人”，你就能得到越多自己想要的东西。在这个过程中，最关键的一点是你要学会换位思考，要设身处地为他人着想，这就是我们下一步将要讨论的内容。

让他人了解自己的目标

如果你没有告诉对方你想要什么样的帮助，那么谁都不知道该怎么帮助你，因为大家不了解你的目标是什么，不清楚你到底要干什么。不管你是需要别人给予巨大的帮助，还是只需让人顺带帮个小忙，你都需要让对方清楚地了解你的目标是什么，让对方欣然接受你的请求。

生活中总是有些人不太擅长扮演听众的角色，有时还会抱怨别人不擅长交流，他们经常会说“你从来没有说过……”嗯，对付这样的人我们要采取的办法就是务必要保证让他们听明白我们表达的意思。所以你首先要做的功课就是给自己树立清晰的目标，然后尽量用简洁的语言表达出来。你可以提前演练一下，到了实战的时候就能表现自如了。比方说你可以这样跟自己的同事求助："本周四的下午你有空替我顶半天班吗？"

如果你要表达的意思比较复杂，那么你还需要换种说法再重复一次，甚至可以让别人重复一下你的话，看看对方是否已经明白了你的意思（要注意不要让对方感到不适，别让对方误解为你轻视他、不信任他——这个需要你根据实际情况来做出判断，我可不会陪在你身边帮你出谋划策）。这样有助于让对方加深印象。在对话结束的时候你还可以言简意赅地概括总结一下你的意思。

如果你觉得别人没有充分了解你遇到问题需要获取支持与帮助，你可以向他们提问："你怎样说服顾客同意推迟送货时间？也许只能默默忍受客户对你的大吼大叫……"

听着，如果你觉得释放自己的能量很重要，觉得参加励志课程很重要，觉得按期完成任务很重要，觉得实现自己的既定目标很重要，那么你也不会高估了向他人正确表达自己思想的重要意义，为了赢得他人的帮助，获得更多的支持，良好的沟通交流能力是必需的。

正确理解他人的意思

上一个主题说的是如何应对那些不擅长当听众的人，现在要讨论的是如何应对那些不擅长表达的人。有些人好像天生就不太擅长表达自己的意思，如果你要是需要获取这类人的帮助，那你可得有本事搞清楚他们跟你说的话是什么意思。

我有一个同事，说话总是底气十足，说话方式非常绝对和果断，有着很强势的个性（别看她那么自信满满，说话像开机关枪，其实她表达的意思毫无指向性和目的性）。结果呢，对我来说真是悲剧，我跟她共事多日，竟然无法理解她到底要跟我表达什么意思。我总是搞不清楚她说话的重点指向哪儿，为此我可费了不少劲。一两个星期以后，悲剧再次发生。我跟她讨论一个问题的时候又陷入了苦不堪言的境地，我实在搞不清楚她到底需要我干什么，我扼腕兴叹，为自己的一脑子糨糊而感到自责，并且跟其他的同事说了这事。结果他深有同感："你知道吗？我跟你的感觉是一样的！发生在你身上的事情在我身上同样也发生过！"实际上我这位看似表达方式很果断清晰的同事，只不过用她的外表蒙蔽了大家，她根本就不能黑白分明地表达出自己想要表达的意思。

对付我同事这类表达能力欠缺的人，最有效的办法就是向他们提出些只需用"是"或"不是"回答，或者只用一个词就能回答的问题。比方说："你会来参加星期二的会议吗？""我们有没有自信在第一个月就卖出2000多套产品？""如果我能帮你临时照看一下孩子，你也能帮我临时照看一下孩子吗？"诸如此类的问题你可以一直问下去，直到你获取了全部你需要的信息为止。

我们知道，绝大多数人都是在力所能及的范围内尽量答应别人的请求，但是也有一些人比较喜欢拒绝别人的请求。如果你有能力帮助别人，为什么要拒绝伸出援手呢？即使是愤世嫉俗的人也会认为帮助别人受到赞扬是一件不错的事情，所以如果有人拒绝帮助别人，那肯定有一定的理由。有些人的理由可能微不足道，有些人可能会在不费吹灰之力就能提供帮助的情况下才会答应伸出援手，不管怎么说，他们在拒绝别人的时候一定有自己的理由。那么问题出现了，拒绝的理由到底是什么呢？如果你能预知被拒绝的原因，那么你在求助别人时将会处于更加有利的位置。所以现在就想一想，到底会有哪些被人拒绝的原因，下面列出了一些：

- 需要做太多工作
- 需要花钱
- 你占据了比别人更强的竞争优势
- 别人永远不能得到老板/伴侣/朋友的认可
- 需要克服一些困难
- 没有时间
- 会暴露弱点或错误
- 太冷了/太不舒服了/太脏了/太麻烦了

上面列出的这几条仅仅是沧海一粟，这刚刚是“拒绝理由列表”的起始部分。有时候别人拒绝你的原因是不喜欢你/不相信你/对你没信心，不过我敢确认这几条原因都是不可能存在的，所以我压根就没有将其放入前面的列表。我相信你肯定能把别人拒绝你的原因分析得很到位，预知比较准确，但是上帝保佑你可千万别忘了拒绝的理由不是单一的，而是复合的，你要全面考虑，别有疏漏。这将为你的成功打好基础，做好准备工作。

你现在要做的就是让别人知道你已经理解了对方的意思，理解了别人不想帮助你的复杂原因，让别人明白你非常理解他们的苦衷，因为为了帮助你可能会增加别人的文字工作量，影响别人的合作关系，需要别人付出更多的努力来维系已有的人际关系等。

一旦别人知道了你是个善解人意的好同志，那么就会更乐意当你的听众。试想一下，如果你自己对未来的计划都没有一个清晰的思路，没有充分尊重事实，或者压根不了解工作氛围的特点，别人为什么要答应帮助你呢？但是反过来说，如果你具备敏锐的洞察力，能够深入透彻地了解实际情况，在此基础上发表你的见解，那么大家都会认为你的见解很有价值，并且都会认为你的行动建议值得采纳。

你不能仅仅站在自己的立场上思考问题，你要有全局意识，从整体上把控事情的发展进程，考虑问题要全面周到，确保别人能理解你的想法。这有助于树立你的威信。

要做诚信客观的人

“诚信贵如金。”如果你给别人的印象有点不靠谱的话，那可没人愿意支持你的想法，也不会相信你的判断力。没有人仅仅因为你想要什么就会给你什么。比方说你想让供货商降价人家就同意降价，你想把原定的新品发布会提前就可以提前，你想投资建体育馆就可以投资，你想参加某类培训课程就可以参加……别人之所以会同意你的建议，是因为相信你说的事情是正确而又值得去做的。

这意味着你必须要避免主观臆断，尽可能保持客观。

不要说类似于“最棒的”、“最完美的”这样的话，要说得再具体明确一些，比方说“这是最精确的”，“那是最便宜的”，“这是最快捷的”，等等。而这里提到的“快捷”，不是“令人不敢相信的快捷”，而是“能达到每小时95米的速度”。这个数据是经过真实测量得出的客观数字，不是你个人的猜测或臆断，你要将相关的原始数据储存备案，这都是对别人有说服力的资料。

因此，当你准备跟别人讨论自己的想法，还期望别人能接受你的请求时，最好先确定你已经手握相关数据，以客观真实的资料主动说服别人认可你的想法。不要被动地等待别人向你提出问题，你可是有备而来，可以先发制人。你可以先把自己的研究结果呈现给对方，说明供货商的要价确实过高，把为什么要供货商降价的理由说得头头是道；提前到三月份召开新品发布会更有利于扩大市场销售份额；建有现代化体育馆的校园比没有体育馆的校园更有派头；参加了培训课程更有助于提升职业素养，更好地效忠于企业。

好了，你现在已经是有理有据有节的专家了，跟那些凭借个人主观臆断瞎侃的人完全不一样哦。

让别人对你网开一面

有时候你在求别人帮助的时候可能会要求他们做一些与他们自己惯有的行为模式相抵触的事，需要他们破例为你解决点问题，或者会触及他们的为人处世原则。这时候你就要说服他们对你网开一面，帮助他们找个站得住脚的理由来改变一贯的原则答应你的请求。他们内心可以自己为自己开脱，找个理由，但是为什么这么麻烦呢？你给他们找个站得住脚的理由吧！你是既得利益者，所以得更加努力才行哦！

没准你妈妈觉得假期过来帮你看孩子的话，到时候也得帮你兄弟姐妹看孩子，从而一发不可收拾，结果这伟大瞬间被无限扩大化了。或许董事会已经决定不要再招新员工了。你要做的就是帮他们转变一下思路——他们需要的只是一个破例的借口而已。

试试跟你妈妈说："看孩子对年长的您来说是一件费时间费体力的事情，而且压力很大。我们年轻人照顾两个孩子却不是件难事儿，像姐夫杰克和姐姐瑞秋就能应付自如。但是我现在的情况不同，我生的是一对双胞胎，同时照顾两个孩子相当于工作量加倍了，我就有点应付不过来了。"这其中的奥妙就在于妈妈可以告诉姐夫杰克和姐姐瑞秋因为你生的是双胞胎，跟他们不一样，所以才在假期过来帮你看孩子的。有了这个借口，破例就容易得多啦！

当你跟董事会申请招聘新员工的时候，在提起诉求的同时表示很理解董事会员工效率最大化和人数最小化的决议。但是这次案子有所不同，多两个有经验的人处理新软件的效率相当于四个没经验的同事的工作效率，其实最终的收支并没有让我们多花一分钱嘛！

如果你可以找一个破例并且能站得住脚的、让对方能够从容拒绝下一个诉求者的借口，他们为什么要拒绝你呢？你的有利地位不言而喻了吧！

解决他们的问题

所以现在你知道怎么尽量改变对方的主意，让他们为你打开方便之门了吧！你要做的就是让他们尽量抵消抵触的情绪。这不难，不过需要一点你的创造力和想象力。

假设你的邻居不愿意每次在你每周上夜校的时候帮你看孩子，你想过她拒绝你的原因吗？她不愿意允诺太多的时间？好吧，那你能不能也做点儿什么作为补偿——比如每周末帮她修剪草坪，这样她就能省下修剪草坪的时间帮你看孩子了。或者你可以试着保证让孩子在她来的时候已经乖乖上床睡觉了，她需要做的只是坐在那儿干点儿自己的事儿罢了。

想想为什么你的上司不愿意给你那个项目呢？没准她不能确定在当时经济大环境下的成本是多少，加你一个人会不会成本升高很多；又或者她需要向她的顶头上司申请，而且流程复杂想起来就痛苦。在这种情况下，你需要做的就是向她证明你的加入能为这个项目增值多少啦！一个请求再加一份深入调查收益的文案是再好不过的组合了，她可以直接将文案转交上司。这流程立刻就变得简单起来了！变成只是你的说服力和大老板直接的关系了，她不需要再多费口舌了。

懂了没？开窍了没？听着，对于你特别在意的事，你是要多花点创造力、想象力来抵消对方的抵触情绪的。这样一来，他们为什么还要拒绝呢？

读懂言语中的“线索”

一些人会直截了当地给你一个答案，但另一些不会。这些含糊其辞的人可能不想自己看起来太粗鲁，或者他们很想帮忙但是确实没办法，又或者他们没决定到底帮不帮你。要是这种情况，你不必再多费口舌，逼他们给你一个最终的答复。

但是不证明这话语中一点儿线索也没有，蛛丝马迹还是可以抓住的！你要好好听好好看，特别是当你有求于人而又不想咄咄逼人的时候。好啦，下面就是几条线索，我给你举几个例子，看看你能不能领会：

● “嗯……我回头看看艾丽能不能帮你吧……”说明这哥们儿想帮你的忙，但是想转交给艾丽，让她帮你。

● “我不知道我是不是能安排到周四去啊。”说明如果你能换一天，没准事儿就成了！

● “去说服金融主管太难了！”说明这哥们儿站在你这边，但是需要你帮着提供点儿说服金融主管的点子。

● “我正想着怎么能掉点儿肉呢……”说明这哥们儿同意加入你的节食计划啦！说明你的说服力挺强的，成功了！

一旦能抓住这些线索，找到排除障碍的方法，那么万事皆不是难事啦！你最终会得到你想要的！

抓住对方的喜好

我以前的老板总喜欢拿钱说事儿，想说服别人做事情就给他们钱。任何时候不管是谁，只要需要动力、需要激励，老板就给他涨工资、或者多发奖金、再或者建议升职，等等，反正都能跟钱挂钩。可笑的是，这招不怎么管用！用了这么多次，只在一两个人身上起过作用，让他们能更卖命地工作。老板百思不得其解，俗话不是说“有钱能使鬼推磨”吗？但事实不完全能让“鬼推磨”，即使加薪了，很多员工还是不停地在抱怨工资跟工作付出不成正比。

不是所有人都钻到钱眼儿里的！当然了，来点儿额外的经济补偿我们也是很乐意的，这是无可厚非的。但不意味着钱就可以让我们愿意为其做任何事、说任何话、心甘情愿地卖苦力。每个人的喜好各有不同。如果你有孩子的话，想想你的孩子；或者想想你的挚友们。大部分人看重其他事物大过于钱，比如被肯定、权利、责任，或工作满意度、挑战，抑或只是简单的一句“谢谢”。

一旦你辨清每个人的喜好，如愿便是件轻松易得的事情。确保拿对方最喜欢、最想要的做交换，你就离成功实现诉求不远了！

正确措辞

措辞太重要啦！尤其是有求于人的时候。你表达你的诉求的时候一定要让它听起来有号召力，很诱人！对方不一定有你对那件事那么感兴趣，所以描述用语很重要。既然知道了对方的喜好，也得了解一下什么词儿能给他们正能量，是他们想听的；什么是负能量，他们不想听的。

如果你要向一个青年男孩描述嘉年华鬼屋过山车，最好告诉他们：“来吧！你一定会喜欢它的！它特别快而且特别刺激！”这句话绝对能吸引大票的青春少年们。

但对他们的父母来说，肯定一点都不奏效。哈哈！是这样的！对他们的父母，你最好说："来吧，这游艺设施百分百安全，而且很有趣！"一样的游艺设施，不一样的措辞！看到了吧？

当你慢慢熟悉某些人时，比如你的亲戚、朋友、孩子或者老板，要慢慢摸清楚什么词能让他们高兴，什么会激怒他们。有的人不喜欢"刺激""爽""离奇"这种词。有的人喜欢"可信赖的""被证明的"这种词，而且对这些保险的安全的词没有任何抗拒力。摸透他们喜欢的词语是很重要的，从日常的小线索中就可以获得。

需要某些人帮你完成一项工作的时候，不妨考虑一下他们喜欢听什么，然后用他们喜欢的措辞去说服他们！

把握好时机

得到你想要的是一个长期的计划。我就知道一个人为了修复小艇，在简陋的小艇上住了五年，又湿又冷。现在终于成功修复成了一个漂亮舒适的水上之家啦，而且是防水的哦！他从一开始就知道这件事要起码要花上五年的时间，他完成了！你身边没准有一些速成的实例，但是绝大部分的大计划和梦想要花更长的时间才能完成。

打一场有准备的战役是很重要的，你从一开始就比别人知道得更多，有备而战。想要打一场漂亮的胜仗首先要知道从哪些途径可以获胜，想想什么时机需要什么样的帮助和支持。每年年底，你父母必定会被大量的续签合同和家庭琐事所烦心，忙得不可开交，所以这个时候就不是一个去寻求支持的好时机。

同样，别在薪酬研讨会后找你的老板要求加薪，更别在亏损的季度报表下来后向老板要求加薪，即使你是唯一一个能让项目继续运转的人。提加薪的最好时机是一笔有利可图的大单子谈成后的几天或一周内！

时机掌握好了，对方就更容易答应你的诉求，正所谓“天时”已到，他们还有什么理由拒绝你呢？所以，站在对方的角度想想，安排好并抓住最好的时机，你就离成功又近了一步！

好吧，这句话我在书名里说过一次了。掌握这些小技巧，你自然会心想事成，轻松如愿的！从别人那儿得到帮助，你需要让对方知道你想要什么，但是不用你主动提出来！

最简单的方法就是告诉对方："我想要这个。"哈哈，是省去了很多天花乱坠的措辞，简单明了地告诉对方。不用请求。所以你可以让你的领导知道，你认为自己已经在事业的上升期了，可以迅速接手更高层面的工作；或者你有志于继续并终生效力于市场部门。下一次升职机会来了，你的老板会第一个想到你，因为你已经告诉他们你做好完全的准备了，而且你很感兴趣。这样，他们就会自动去找你啦！

同样，你可以让你的朋友和公司外的人脉知道你的目标和兴趣点在哪儿。这样，一旦谁被邀请或者作为合伙人身份去信托或者慈善机构的时候，你可以说：“哇，这个机会太好了！怎么不叫我呢？我也想做！”听到心里的朋友们会在下次机会来临时第一个想到你。

让你妈妈知道，你朋友的妈妈正帮着她的姐姐看孩子呢。你可以告诉妈妈：“哇，她姐姐太幸运了！多个懂得照顾孩子的大人在可以省多少心呢！”没准下次你没提要求，你妈妈会主动提出帮你看孩子的。

站在你这边，愿意帮你的人，为什么有的时候不主动提出来要帮忙呢？我告诉你为什么，因为他们不知道你需要什么样的帮助。一个调查显示，98%的单身者希望他们的朋友帮他们张罗着找个对象，但是其中80%的人从来没让身边的朋友知道他们有想找朋友的诉求。这不是愚蠢是什么？

让身边的朋友知道你的诉求（不用自己提出来）是个明智之举。“哇，我很喜欢！”“这么好的点子！我也想做！”这些都是非常聪明的表达方法，但是一定要记住：适可而止，见好就收。

我有一个姑妈，她经常会说：“哇，如果我能跟家人一起庆祝圣诞节就好了！”“你太幸运了！能有这么好的朋友，从来没人邀请我去吃晚餐。”事实上，说得多了，我们逐渐地忽略了她的这些话。相反，爱抱怨、情绪化、情感敲诈这种词儿会被用在姑妈身上，并且我们都不是很乐意帮她或者邀请她。如果她直接问：“我能来跟你们一起过圣诞节吗？”我们会点头欢迎的。或者她只需要让我们知道她圣诞节要过来跟我们一起庆祝就行了，然后闭上嘴，见好就收。

没人愿意被一直纠缠着，尤其是话里有话、拐弯抹角的纠缠。所以，如果你想用“暗示”那个点子，让对方知道你的意思就行了。如果你怕对方没有完全了解你的诉求，你可以过几个月再试着提一遍，或者当着对方和其他人的面，对着别人提一下。好了，这就行了！这是一个不用自己主动提出来，就能得到帮助的好点子（其实有的时候你不在乎是不是自己主动提出来的）。但这个点子不能过度使用，过犹不及啊！

听着！要如愿就需要让你的未来恩人知道你想要什么样的帮助，确保你直截了当地让他们知道了就行了，然后适可而止，见好就收，否则只会适得其反。

学会假想

如何让对方知道你想要什么呢？跟之前提到的小妙招略有变通的另一个点子是假想，而且假想更有可能让你如愿。这个方法是一个直接的、不拐弯抹角的，而且诚实的提问方式，还能让你感觉比真正的请求帮助更容易说出口。运用这个办法能够不给对方压力，因为它并不要求对方真的给出一个结论，它是一个远程的请求或者说是预约，而且更容易成功如愿。下面就是几个例子，仅供参考。

- “如果你想卖那块地的话，我会很感兴趣的。”

● “如果公关部有职位空缺的话，我想试试申请一下。”

● “今后要是再需要担保人的角色的话，记得叫我哦！”

如果你够勇敢，可以直接把话说在前，做个假设，听听对方的意见。

● “我要是能找到一个不错的语言学校夜校班再学一门语言，你能帮我每周看一次孩子吗？”

● “如果我们找到特别满意的房子，但是价格比预算高了那么一点儿，爸爸妈妈能不能帮我们先垫上差额呢？”

● “要是肖恩不想转到曼彻斯特分部，能考虑考虑我吗？”

这些问题不是不需要明确的答案，但是听起来比你遇到事情直接提问要委婉得多，更容易让对方接受，而且从中你还能获取更多需要的信息。

向对方提问

另外一个不用直接恳求就能如愿的法子就是向对方提问题，问问他们如果身处你这样的境况，站在你的角度会怎么办，如何应对当前局势。这件事要是放在对方身上，他们要如何解决呢？当他们设身处地为你考虑问题的时候，会不自觉地意识到，他们可以或多或少帮到你点儿什么。特别是当问题抛向愿意为你两肋插刀的那些人的时候，他们更容易向你伸出援助之手。

所以，你可以向老板提个问题：如果您是我的话，您觉得去公关部怎么样？或者可以跟妈妈说：我觉得带着四个孩子过节是最累的事了，都觉得有点儿熬不过去了。您当时是怎么过来的？

用这个办法的时候也要小心哦，尽量听起来不要像是故意拉他们下水的，这个度一定要把握好！如果没把握好，就将适得其反，反而刺激到对方，让他们感到厌恶。你是真的想听听他们的建议和见解，集思广益，会让对方感觉没帮什么忙但实际上帮了个大忙！这么聪明绝顶的高招，赶紧试着用一下吧！

寻求建议而不是直接索要职位

想进入新单位，找新工作，甚至去志愿机构帮忙都是需要谨慎的技术活儿。嘘！别人我不告诉他哦！我的第一份合适的工作就是用了这个办法找到的！

假设你想进入一个新领域，或谋求一份新工作，需要去会见能给你这个机会的那个人。如果你写信过去或发邮件直接索要，一般是不会成功的，大多会遭到拒绝。大多数人都不愿意给自己找麻烦，“惹祸上身”的事谁都不愿意干，所以一般会直接拒绝。

所以，千万不要直接索要职位，表明自己的态度：

我不是来找工作的。你可以试着以这句话作为开头："我知道您最近身边肯定没有空缺的职位，非常感谢您能对我进行指导并提些建议，让我能更清楚明白地了解这个行业/组织。"接着当然是说说你为什么会选择这个领域、为什么需要他们的意见和建议喽。

对于阿谀奉承这个糖衣炮弹，多数人是抵挡不住的。特别是真心、诚挚的表达更让对方招架不住。卸下心理防线以后，对方就更容易一泄倾心，谈谈他们的想法了。当他们意识到你完全具备了他们需要的热情、头脑、责任感、学识和经验的时候，怎么会不给你一个工作机会呢？如果现在没机会，有朝一日机会出现的时候肯定会第一个想到你！或者他们会作为担保人，把你引荐给别人。当对方觉得你是个人才，感觉相见恨晚的时候，他们会主动伸出援助之手的！

从别人口中问出你想问的

如果你不想自己提出诉求，为什么不让别人帮你开口呢？这个点子没有百分之百的成功率，但是成功的几率也蛮高的。要么让他们帮你提出诉求，要么让他们帮你试探对方。知道了对方的反应以后再亲自出马，成功率便极高啦！

噢！谢谢你帮我更正这个明显的错误。我知道，这个点子还是需要你自己向中间人提出诉求的，我意识到这点了。这就是为什么这个点子只适用于你和中间人无话不谈、方便开口的情况下了。这个点子的前提假设是你有这一帮至亲至信的亲友团，能当中间人帮你解决大问题。想必你可以轻松地让宠物狗旺旺坐下、让你的助手帮你把牛奶递过来、让你的孩子穿上鞋子，等等。所以你可以向亲友团求助，让他们帮你解决问题，对于他们来说可能更容易开口（不过千万不要让你的孩子去向你老板提加薪，或者让你的宠物狗旺旺去试探银行能不能批房贷哦，千万别犯这种愚蠢的错误）。

可以试着让你姐姐跟妈妈说，你们假期想一起出去玩，让妈妈帮你看一下孩子；或者你的中层领导可以帮你找大老板问问能不能让你在家工作几周；或者让你的兄弟去问问那个你一见倾心的女孩愿不愿意跟你约会。

这个点子还有一个优点，就是你有一票亲友团给你做后盾。他们十分乐意帮你问出你说不出口的话，而且成功率极高，因为有后援军支持！

让对方了解其重要性

人们是喜欢被奉承的，我以前也说过。但我还要再强调一遍，一定要真心诚挚地发射这枚糖衣炮弹！被需要的感觉每个人都喜欢，尤其是被真心打动的时候。

如果你需要他们，为什么不直接告诉他们呢？那会让他们心里感到暖融融的，告诉他们如果这次不帮忙的话没人能帮你了，他们是唯一能够起作用的人，他们对你的重要性无人可替代。你特别依赖他们。这会让他们心中高砌的心墙融化的，是你轻松如愿的助推剂！

哦！对了！还有一条注意事项是：不要让对方觉得

你在用情感哄骗他们，不要让对方感到愧疚。你要做的只是让对方觉得他是在你成功之路上不可或缺的人物就行了！如果你让他们觉得如果这次不帮你，你的天都要塌下来了，以后的所有梦想和计划也都随之破灭了，那就真的是情感诈骗了。任何人都不会喜欢的，也不会帮助你。

一定要把握好“煽情”程度！分清轻重缓急。实事求是地告诉对方，你很需要他们，需要他们的帮助，不要跟祥林嫂一样喋喋不休，这样就能达到目的了！千万不要演得太过了，哭天喊地地祈求怜悯、要求帮助，或者怨妇一样地跟对方诉苦，这样会适得其反的。要是成了一个大话西游里的唐僧，那对方真的要发疯了！

我以前有个上司，特别会处理别人对他的催促，而且很擅长避免别人催他。一旦你催促他即刻做出一个决定，他总会说："如果你现在就要回复的话，我会说不！"虽然听起来有点简单粗暴，但是真的非常有用，每次都奏效。因为他抓住了诉求人的心理，宁愿等一等肯定的答案，也不愿意被立刻拒绝。想想自己是不是也有过这种经历，只是当时没有意识到罢了。

事实上确实是这样的，否定的答案要比肯定的答案风险小很多。拒绝别人的麻烦和风险到底有多大？答案是很小很小。相反，一个肯定的答案是需要细心考虑，排除各种麻烦、烦琐、困难和不愉快的。如果不经过充分的考虑和仔细的权衡，你不会随意给出肯定的答案。尤其是当你被催促的时候，顶着强大的压力还是说“不”稳妥些。不单单免除了后顾之忧，说“不”还更快更省事了呢！谁愿意多给自己找麻烦？

所以如果你想让对方帮你轻松如愿的话，别催人家，给对方充足的时间去考虑。对待有拖延症的人来说，最好的方法就是核实他们什么时候能够给出答复。这样既不会给他们太多的时间压力，又可以表明你的立场。

在本篇结尾的时候，我要告诉大家一个聪明又万能的办法，用来对付催促者。尤其在我的孩子身上特别奏效！“如果你现在就要回复的话，我会说不！”屡试不爽！你也快来试试吧！

投其所好报答对方

要是所有人都能助人为乐、不求回报、互帮互爱就完美了！没错，世界上有很多好人，但是好人也有个人需求，也不是完全无私的。所以应该投其所好报答对方，作为人家帮忙的回报。

我的意思不是说回报他们一束鲜花或者一盒巧克力——虽然在有些时候这两种回报礼物还是十分应景的。我说的“回报”实际上是一种“交换”，是在他们没决定帮你之前给他们的。让他们知道，作为交换，帮助你还是有很多好处的。

哦不！我说的不是贿赂！我不建议你拿着一个装满十刀钞票的金信封，偷偷塞给你的老板，让他下次做项目的时候把你的名字写进项目组。我也不是想让你威胁对方，提各种条件让对方不得不同意帮你。我说的是你可以试着投其所好，让他们发自肺腑地愿意帮你。

如果能让夜晚尽快安静祥和下来，换一份宁静，你父亲可能更愿意多花些时间在孙子孙女身上，让他们尽早上床入睡。如果下一任公关部的主管是从你们部门提升上去的，会对你的老板很有利。如果你闺蜜愿意帮着你减肥的话，作为回报你们会去海边慵懒地度个假，穿着泳衣躺在沙滩上晒太阳。如果公公婆婆愿意出点钱帮你买房子的话，你可以买离他们更近的房子（或者离他们更远的房子，因为我不知道你跟婆婆相处得怎么样）。

你可以时不时地再加点儿好处（我们可以住得更近啦），或者投其所好地让他们更乐意主动为你效劳。不管用哪种方式，确保让对方知道只要帮助你，就能得到他们想要的！

把光环戴给别人

如果你也跟我一样，肯定对于把自己的成果拱手让人这种事很反感。但是好好想想，光环给谁其实不是重点，重点在于能让你轻松如愿。真正的奖赏其实是你得到了你想要的，不是吗？这么看来，小小的荣誉也不是非要不可了吧？就像上一篇说的一样，如果帮你的人正好喜欢荣誉和光环，就让给他们吧！这样让你离成功又近了一步。

你要做的就是按照你本来的逻辑思维一步一步进行下去，但是不要急着下结论。总结就交给对方来做吧！

“当然住得离您近点儿是最好啦，但是您附近的房价太高了，我觉得四居室太贵了，可我们又需要一个四居室的房子，现在存款还差几千块钱。要是倾巢而出住在您对面，我们得喝好几年的西北风了。”但愿你的妈妈听到这些话之后能说：“除非……我和你爸爸倒是可以借点钱给你，只有几千块不算什么，你们住得近一点更好。”这时候你可以立马接上：“这主意太棒了！”这个光环立刻戴到你妈妈的头上了，而且是她提出来的，所以很难再改变主意了。

有的时候，他们没有跟上你的逻辑思维，没能准确地作出回应。没关系，等一周或者两周的时间，再跟他们聊：“你知道吗？我觉得你上次说的搬家/汇款的主意实在是太棒了！”如果他们没有拒绝，说明他们也不记得是不是自己说过了，还以为确实是自己说过的呢！

忽略馊主意

当然啦，不是只有你的脑子好使，能想出天花乱坠的绝妙好点子。其他人也可以有他们的意见和建议。有的时候是非常棒的意见，有的时候很直接也很合时宜，但也不免会有一些馊主意出现。这些坏点子还有可能成为你成功路上的绊脚石！就像你的助手建议让你婆婆搬过来跟你一起住一样。没准对有些人来说这点子还不错，但是对你来说就是一场灾难！或者你的同事建议你自己组织年度交易年会，而不是找一个项目经理协助你。又或者你的闺蜜建议你采用她新的自创时尚不靠谱减肥法。

我知道一对相处多年的夫妇。男方总是能提出一些女方不能接受的点子。但只要女方直接开口回绝，两个人就一定会大吵一架，男方不肯让步，惹得女方很不愉快。有不同意见产生的确是非常棘手的事情，不好直接回绝，又不能盲目支持，坏了自己的事儿。这可怎么办呢？与丈夫相处多年的妻子想出了一个绝妙的好主意。每当丈夫又天马行空地想出一个她不喜欢的点子，她只是回答“呃……”面对消极但又不是针锋相对的回应，丈夫没过多久就逐渐淡忘了。

所以别想着硬生生地扼杀或者阻止那些馊主意。你只需要忽略它们，它们终究会随风散去的。

知道成本是多少

那些聪明小妙招除了可以用在升职、加薪、加奖金上，也可以用在向银行主管申请贷款等事情上。这需要一些时间，但是你最终会得到你想要的东西。我们都知道，如果值得拥有，就值得等待。

如果你的老板不同意给你加薪，或者你不想自己直接提出加薪的请求，你可以试试这个杀手锏：“您觉得我在六个月内还需要再多做些什么才能赢得额外的奖金呢？”你仔细想想，老板肯定不会说：“什么也不用做。”他会给你提一些建议的，因为他们希望你更加为单位卖命。

所以他们一定会给你一个答复的。不论答复是什么，都是你努力的方向！如果你六个月内做到了，他一定会给你加薪的！特别是当你们的对话是通过邮件白纸黑字记录下来的情况下，他一定不会赖账！

当然了，不一定是六个月，你可以决定时间的长短，这个并无大碍。但是最重要的是让老板的回答给出具体的答案，而不是“增加销售业绩”、“多积累点儿经验”这样假、大、空的答案。增加多少销售业绩？积累什么样的经验？获取什么资格证？最好再追问得详细点儿，这样你要求加薪的时候他们便不会多说什么了。

如果你的老板东拉西扯，说一些不着边际的话，比如“我也不是很清楚”、“最近资金很紧张啊”、“不知道大老板会怎么想”之类的，那就让他们搞清楚后再给你答复。如果必要，最好发封邮件友情提示他们一下。记住，你不是要假、大、空的答案，你要的是具体的答案，要的是能为公司增值并能给你加薪的答案！

组建一个智囊团

如果你想让别人为你帮个大忙，会花费精力、时间甚至金钱等，对方肯定会再三考虑，并且问问身边人的意见。管理层会听取每个董事会成员的意见，再决定是否需要新建分部（你是那个新分部的一把手）。你父母会先征求你兄弟姐妹的意见，再考虑是否要搬得离你近一些。那个对你有意思的男孩也会先问问他的兄弟，再决定是否要约你出来。

所以，组建一个身后智囊团是很符合逻辑而且很聪明的点子。向智囊团听取意见和建议之后再采取行动。

你的团队总会站在你这边，为你出谋划策的。如果董事会的每一个人都赞成新建分部的话，管理层也会同意组建一个新的分部的。如果得到了你兄弟姐妹的支持，你的父母会更倾向于赶紧搬到离你近一点的地方住。

抓住这些能帮你出谋划策的人，说服他们成为你团队里的一员，站在你这边！如果是件比较棘手的事情，就把它当成一次挑战，积极应对，灵活运用在这本书里学到的知识和技巧，组成一个后援团支持你，相信你一定会成功的！这可能会经历很长一段时间，花费不少精力，但得到所有人的支持，让他们作为你的后援团是非常值得的！

第四部分

如果到了
不得不求人的地步

好吧，我承认撒了个谎。哦不，其实也不是真正的撒谎。我之前说过会告诉你怎样无须开口求人就能轻松如愿，我也这么做了。然而有一点我忘了声明一下，有的时候要想如愿的话只能开口去求人。可能在某种程度上我误导了大家，在这里我要做些补充，下面要讲的内容里包含几条小贴士，可以使你在不得不开口求人的情况下不至于太难堪和徒劳无获。

理想的情况是，你通过反复练习这些技巧能够发现，事实上开口求人的效果并不见得那么坏。毕竟这是想要如愿的最简单、最直接的方式。当然这并不是说本书的其他部分的内容丝毫没用，因为你仍要用到本书中讲到的其他技能、窍门、方法、策略以及计谋。但是能够学会坦诚地开口索取的话，显然会助你一臂之力。

所以就有了本部分的内容。

如何无须多次开口便能轻松如愿

清楚你想要的是什么

当然，有些要求是非常直截了当的。比如：我周五可以请假去参加一个家人的婚礼吗？我可以增加我的透支吗？你愿意和我一起出去吗？但是经常会碰到更为复杂的待定事项。假如你想要同伴帮助你减肥，并且你很需要他们的支持，那你该怎么做呢？你想让他们在你每次盯着饼干箱子的时候都提示你要减肥吗？答应不再烹饪某些菜肴？还是让伙伴们和你一同节食？你应该知道你在要求什么，否则他们怎么知道能否答应你的要求呢？

这儿还有个例子。你想让老板给你更多的任务。于是你找老板去主动请缨。上司们会怎么问呢：你想要额外负责哪方面呢？你希望何时开始呢？你需要额外的帮助吗？你准备好投入到更长时间的工作中了吗？如果答案是否定的话，下一步你是不是打算让他重新考虑一下，就说你参加了夜校来提升业务能力，或者等几个月后再积累些经验，还是说等部门里其他人员被调走之后再作考虑呢？

在你斟酌清楚所有可能情形之前，千万不要开始这场谈话。你得先在脑子里搞明白你到底是在要求什么。因为如果你自己都不清楚的话，上司们肯定不会听你的。如果上司们搞不清楚你到底要他同意什么样的想法，就会很轻易地说“不”，你就惨遭拒绝啦。

找好谈话的时机

昨天晚上我在忙着给家人做饭。油用光了，煤气灶用不了了，只好用那个一直不好用的电炉来应急。我又得忙到很晚（在写这本书），时间很紧迫。一有空闲我就收拾明早要给小儿子带的午餐饭盒，或是换洗衣服。我还在给一只顽强反抗的小猫喂药丸，这时候我的大儿子问我他能不能烤几块饼干吃。你猜我当时和他说什么了？

如果你想得到别人同意的话，应该在他们高兴、放松，觉得世界充满欢乐、心情无拘无束的时候去找他们。如果你没有看出他们有这般好心情的话，至少等他们不忙并且显得高兴的时候再去找他们。找好适当的时机，看起来是一个小细节，但是没有找对时机往往是别人拒绝你的重要原因。

安排一次约会

假设你有求于他人，有时候只要对方心情好，你的要求就会得到满足。这也许是你为了达到最终目标所要迈出的一小步（这一小步很重要）。对有些人来说，找对谈话时机就可以奏效了，然而对于另一些人来说，他们通常都很忙，以至于让你感觉很难引起他们足够的注意。又或者说，这是你计划当中非常重要，甚至是起决定作用的一步，这样的话，当面详谈你的要求就显得非常重要了。比方说，也许你需要让你的另一半答应组建一个家庭，或者需要说服老板给你安排新工作的面试时，你就得这么做。

注意了，吸引对方至少几分钟的注意力是极其必要的。如果他们在你提出要求前就表现得要匆匆离开的话，那你这时提出要求来可不管用。所以很明显的一个策略是：提前预约。也别妄想能把你的老板在特定某一天约出来，只是预约要见个面。他们要是问起缘由的话，你就说想谈一下你的工作情况以及近期表现。

对自己的伴侣而言，如果家庭生活太忙，可以安排出去散步或下饭馆，这样好让你们有更多的相处时间。对邻居、朋友而言，你可以把他们约过来喝茶或者出去喝饮料。不管是正式约会还是随意小聚，你需要做的是把分散的时间利用起来，以便你专注地去提出你的要求。

现在你已经约好了见面，你将要提出的要求对你来说至关重要。即便条件已经很成熟了，有时候你还是会突然发觉实际上自己并不是准备得特别充分。可能是你正准备着的时候某种危机不期而至，也可能是你在最后几分钟里才意识到有些地方不对劲。

不管是什么原因，现在你都只剩下几个小时就得同老板见面，同孩子的班主任见面，同你的母亲见面，同你的银行借贷者见面，同你的邻居见面了。可是你发觉自己此时还没有充分准备好。他们可能会问些问题，引出争论，使得你手足无措。这时候你该怎么办？

你只好推迟见面，别无他法。另约时间见面吧，或者问一下是否可以延至下星期再进行这次谈话。我知道，你不想打乱别人的安排，你也不愿再花时间等。可是你还有别的法子吗？你本可以一步到位，可惜这个唯一的机会被你错过了，不管怎样接下来还得回过头来从长计议。这都是你一开始没有准备好带来的后果。

多等待几天也是值得的，这期间你就会把所有功课都做好了。下回见面时让他们叹服于你那充满信服力和吸引力的表现，让他们找不到拒绝你的理由。如此看来等待还是值得的。

恪守你的信条

好的，假设你现在已经确定了什么才是你想要的，你还得了解别人因为什么才会答应你的要求。所以接下来你要做的是思考一下别人为何答应你的三方面关键原因。

这可不等同于为什么你想要的三个原因。你想要找的保姆可能压根不关心你是否在学意大利语。也没人关心你会找到什么样的工作。他们更可能因为其他原因而拿定主意——比如说你能够帮他们一个大忙，你能够每周六帮他们修剪草坪，或者你的母亲偶尔会帮忙带孩子的话，这样一来她们偶尔还能享受休假一周的待遇，甭提多高兴了，那么肯定会答应你的要求了。

也许你曾经在爱人面前提起过瘦身的想法，尽管你的爱人和你互相爱着对方，但她还是会支持你这么做的，因为她考虑到了你的感受。瘦了的话，那样你就可以感觉更自信，就可以经常跟她出去，而不用像以前那样忍着口水看她津津有味地品尝外卖的咖喱饭或甜面包圈了。如果身体变得更瘦、更健康的话，你还可以和她一起享受远足旅行呢。

你需要让老板知道给你加薪的原因是这样的：你超额完成了工作指标；你精通一款之前公司还没掌握的重要软件；你在公司额外地承担了一些职责，完成了分外的工作。

好了，现在你要明白，下回当你有求于别人的时候，记住要清楚地讲出来三个让对方同意的理由。这样一来，别人会看到因同意你的要求而给他带来的好处，他就自然不会拒绝你的要求啦。

我在猜测，就算你已经认真阅读了本书，你可能在开口提出对你而言十分重要的要求时，也会表现得不那么轻松自如吧。如果你都按照书中的指南那么做了，你就给了自己绝好的机会——你说服了别人答应你的要求，你甚至让他们很容易做出决定来答应你。现在你只需要再自信一点点。

当然自信心并不是凭空产生的，你要完全了解你在做什么。所以在正式会面之前，不断地排练一下你该怎么讲。你可以试着面对镜子练习，也可以找朋友帮忙排练。反复推敲，将谈话中可能提及的词汇、人物等琢磨得烂熟于心，张口即来，最终找到足够的自信。

我并没有要求你去一字一词地死记硬背我讲过的内容，那样看上去太过呆板生硬了，会让你觉得反胃。你尽可能抄记下零散的几个能让你理清要点的关键词，到时候其他词语你就可以手到擒来了。我们要明确一点，就算表现得紧张，感觉有压力而略显不安，你也要讲得面面俱到，而不能遗漏什么会影响别人做出最终决定的信息。所以一定要反复练习，直到你确定能做到以下几点：

- 即使面临压力，也能记住所有你该讲到的要点；
- 轻松回顾起你的三个关键点；
- 轻松回顾起让你更具说服力的特别词汇；
- 能够回忆起你可能提及的重要事迹和人物。

这一刻终于到来了，或许你已经为此刻准备了好几天，好几周或者好几个月了。这种时候你可不能因为弄错台词而把整件事情搞砸了哦。

预想对方的台词

不错，你已经事先练习过该说什么了，可是别人会怎么回应你呢？你有没有考虑过这些呢？再说，如果不知道对方会怎么回应的话，你之前再怎么练习都是存在漏洞的。这种情况是显然存在的，你不可能准备得步步到位。你的开场白可以事先排练好，也可以练习如何表达你的立场。但是一旦别人开口应答之后，你就失去线索了。你不知道别人接下来会说些什么，因而变得毫无准备。如果事关重大的话，别人指定不会很快同意你的，他们可能会那么做吗？他们肯定想再进一步探讨、提问、提出异议……什么情况都可能发生，谁都无法预测。

其实，也不尽然。尽管你没法知道对方究竟会怎么回应，但是可以把可能出现的情况列为几个选项。毕竟你分析过了他们可能拒绝你的原因，也考虑到了哪些因素会让他们同意。所以说，假如他们没有直接让你通过的话，很可能会给出一个拒绝你的理由，而这个理由很可能是你考虑过的众多理由当中的一个。

所以实际上多做些这方面的准备工作也有利无弊，预想一下在别人给出拒绝理由的时候该如何驳倒他们，像一开始提出要求时那样坚定你的立场。当你摸透了所有可能出现的情况的时候，你会发现在排练自己台词的同时也预想到了对方可能用到的台词。是可谓“不打无准备之仗”！

这显得你多么深思熟虑啊！

适可而止

假设现在你克服了重重难关，安排好了头等重要的会面。你正坐在老板旁边，或是其他什么重要人物的旁边，准备向他们提出你的要求。你清楚地表达了你的立场，交代了你准备好的三个要点，试着让他们看到为什么同意你的要求。

你就像排练时那样滔滔不绝地讲完了你要说的话，然后停下来让他们考虑。他们不见得会立刻做出决定。于是你就寻思着趁这会儿工夫再补充一句两句……打住！别再继续讲下去啦！一旦你把该讲的讲完了就闭嘴吧。接下来就该等他们开口了。他们是否答应你，由他们说了算，人家是要担起这个责任的。所以如果他们对你的滔滔不绝感觉不舒服的话，你到最后同样也难受。

他们正在考虑是否要答应你的要求，如果这时候你再次开口说话，至少你就打扰到了他们的思考过程。这样形势可不妙了。不但结局可能会更坏，你甚至可能毁掉这次行动。你那样做的话不仅可能惹怒他们（记住，我们要让他们保持心情愉快），而且附加无关的信息也会让他们产生疑惑。你为了表达得简明扼要已经花了够长时间了，可别犯傻再弄得又乱又长。

你甚至可能在无意中犯个错误："……这也不会违背TMK合同吧。"噢，提起TMK合同干吗呢？！你老板原本忘了合同的事情了。经你这么一说，他不太确定是否真的不违反合同，可能会说："嗯……可能这么做终究不是个好办法。"你看到了吧，要是你没开口的话就不会犯这个错误了。

好，就让我们简明扼要地阐述清楚，不要啰里啰唆说个不停，要适可而止。

把关键的信息写在纸上

你提出的要求也许给你的上司、委员会主席或者是银行经理出了个大难题。他们告诉你说要经过考虑之后才能答复你。他们可能会和别人讨论一下你的事情，甚至他们也必须先征得上级部门的同意。

当然了，他们讨论的时候你并不在场。那么你如何确保他们能公平地对待你的请求呢？他们要是忘记了某些重要的方面呢？他们要是没提到那些对决定讨论结果起到至关重要作用的资料呢？或者是搞错基本情况了呢？天知道会发生什么意外呢？

这个问题其实可以得到轻而易举的解决办法。你只需在见面时递交给对方一份书面的摘要，一页纸以内即可，附上简要标题、要点，留好足够的空白。

做事要有底线

你提出要求后，可能并不会直接得到兑现，也许得到的是带有条件性的回复。换句话说，你得作出妥协。你可不能在这次协商后空手而归，至少要获得点有价值的东西吧。

具体说来，至少该得到些什么呢？

你必须搞清楚这个问题的答案，不然的话可能会发现别人答应给你的东西对你并无多大用处。一开始的时候你就应该知道你的底线是什么。不论你们准备买房子，要求加薪，申请贷款还是请人装修，如果你一开始不知道至少该要求什么的话，你就可能陷入麻烦当中了。

这里面的关系经常是错综复杂的。尽管有的时候整件事就看“是”还是“否”简单地决定——比如你打算买车，就看你准备的钱是否足够——然而很多情况下充满变数。你可能最终接受了小幅加薪的条件，因为你被承诺明年还会加薪。当然也取决于涨幅程度了。到了第二年的话，要是又被许以其他特权福利呢？看到了吧，这些事情都是紧密关联着的。

所以要是别人没有直接答应你的要求，而是许以拐弯抹角的条件的话，你应该就这些答复好好讨论一下，别陷入协商的圈套，那样你得到的东西与你的付出并不相称。所以要切记，大脑中一定要总惦记着自己的底线。

比你想得到的多要一些

总有些人会杀你的价，他们确实会那么做。我想起来巨蟒小组的节目“布莱恩的一生”，其中的主角布莱恩一边躲着追捕他的人；一边发狂地凑钱去商店买件东西。眼看就要成交了，店主变卦了，针对价钱争论不休。协商的话，有时候会给你一个说得过去的理由，但是更多人甚至都不和你打招呼。

所以刚开始提出的要求最好比你的心理底线高一点，这样谈判协商下来你才能保底，得到你原本就想获得的。对方也许一开始对你提出这么高的要求有所焦虑，一旦你做出让步他们会大加赞扬，如此一来你达成目的就容易多了。比方说你想让你妹妹每周两天去帮你接放学的孩子回家，照看一个小时，直到你下班回家。先问问她三天是否可以。她一边思考的时候你可以告诉她，这样的确让她很为难——要么就两天如何？这样在她思考着三天是否可以的时候，听到你改口说两天了就觉得两天好办多了，听上去更为合情合理。

我并不是让你变得善于操控别人，那并非良策。我这里假设三天可以的话最好，但你会发现实际上只能要求两天这么多。可不要贪得无厌——要求稍微比预期高一点点就差不多啦！

不要威胁别人

坦诚地说，请你不要给对方任何的威胁。那样做的话效果会背道而驰。为了你自身利益着想，当别人没有答应你要求的时候，不要动不动就威胁说你要辞职，或者以后不给对方提供任何帮助，也别威胁说要断交，或在操场玩耍时不再和对方说话——这也太小孩子气了吧。不光那样，这种坏影响是相互的。

首先他们可能向你摊牌。如果你的老板说出这样的话：“很公平啊，你还是找份别的工作吧。”那么沮丧的就该是你了。接下来你要么真辞职不干，要么还是厚着脸皮留下。没那么简单——如果你选择继续留下来，以后你的老板就可以有恃无恐地拒绝你的其他要求了。

威胁并不好使，给人印象也不好，别人可能在经受过一次威胁后觉得愤愤不平，然后下一次就不会答应你的要求了。你再也别指望邻居还会替你照顾孩子了。你母亲也不会再考虑搬家的事情了。甚至一系列你以后可能会有的需求，都可能因为你这次威胁而告吹了。

假设你不是在危言耸听呢？比方说老板不给你加薪的话你真打算辞职不干呢？那也不要告诉他们——不管你怎么开口，看上去都像是敲诈一样。就拿出你的实际行动吧。你如果遭到拒绝的话，先去找一份别的工作，然后当你递上辞呈的时候可以这么解释——用抱歉而诚恳的语气——说你将要做一份更有前途的工作。如果老板觉得不想让你离开，就会改变主意，为了让你留下就会给你更好的职位。如果他们不打算这么做，你再威胁他也无济于事。

审慎思量给出的决定

假如你们经过协商之后有了一些结果。他们并没有完全同意你的要求，而是提出了折中的办法。你的银行借贷者只答应借你半数的钱；你老板答应给你涨薪但是涨幅不多，却说还会给你些其他津贴；你的邻居只答应每隔一周才帮助照看你的孩子们；你的异性朋友答应会花更多时间和你一起玩，却不是和你约会；你请的装修工答应过来搞装修，却不给修葺屋檐。这样的情况不胜枚举。

嗯……你认为这划得来吗？不好说，不管是哪种情况，也不要轻易下结论。就算别人在催促你，你也不要仓促做出决定。请记住，这点很重要。千万不能筹划了大半天却在一秒钟内就做出决定了，坦白地讲这和猜拳没什么两样。要是结果证明你的选择是错的呢？

你同样也有权利这么说，“这是个有意思的提议，希望可以给我些时间考虑一下”。然后问对方期待什么时候给出答复，或者你建议个时间给出答复。

这样你不仅拥有更充分的时间来好好考虑，也可以搜集更多的信息帮助自己做决定。如果觉得有必要的话，你可以再好好算算修房顶的费用；可以找你妹妹确认一下她是否可以隔周来照看孩子；可以好好研究一下还能不能缩减开支；可以对比分析一下在家工作和开车上班两者哪个更为节省。当你们把这些情况都摸索清楚了之后，你就能毫不含糊地做出决定了。

非常棒！你的要求别人同意了！恭喜你了。但是，现在我们冷静下来思考一下这个问题。别人是毫无保留地答应了你的要求呢，还是说在某些条件下答应了你呢？人家答应你的时候规定好了时间吗？你们之间由谁来和第三方复核？要是你三月份请假度假了，别人还能答应你的其他要求吗？

就算你知道这些问题怎么处理，你能确定别人会怎么做吗？你能够保证过了两周后还能记住这些解决办法吗？不一定吧，你到时候就忘得一干二净了。当然了，除非你把它们都记在纸上了。

如果涉及很多方面的细节问题，你同别人会面时就得带着笔记本，以备不时之需。不管你是否那么做了，如果发现一丝他们要改变主意、或是变更条件、或是遗忘细节的蛛丝马迹，过后你都要把这些记录在本子上。如果这是某种生意场面上的会晤，书面形式的记录就显得很正常了，也是一种明智的做法。如果那么做显得太过正式了，你仍然可以给你的邻居一张便条，或者给你母亲发一封邮件，告诉人家“非常感激您答应在我们出门的时候会过来帮忙照看房子，我这里再把日期和您说一下，知道我们不在时花园也有人打理，我们真是松了一口气呢”。这样的话你母亲如果忘了还答应过打理花园的事，她看到这个就知道了。

要随时拿出决策

到目前为止咱们提到过的，你都做得很好了，包括前期的计划和准备工作。但是如果别人拒绝了你的要求呢？该怎么办呢？如果你很下工夫做这些事情，这种情况通常不会发生，可是有时候尽管努力付出却得不到回报的情况也是无法避免的。

这种时候你也做不了其他更多的事情了，唯有制订个B计划再作努力。如果另有顾客愿意出更高的价钱买走你看好的房子，或者你的同事得到升迁而不是你，碰到这些情况你也拿不出更多办法了。不过从另一方面看，看好的房子没了还有其他房子，工作没了还可以找其他的，与其整件事情弄泡汤了，不如抓住下一个机会开始出谋划策。

很多成功人士就是这么做的。他们这次失败了不气馁，好好总结失败的原因，在下次挑战来临的时候主动出击，牢牢地抓住机会。有时候这需要你做出艰难的决定，所以你得随时做好准备。也许你就是找不到能够符合你要求的房子，这时候你得仔细想想到底哪些地方是可以妥协的。也许你老板压根就不会提拔你，你需要另谋高就。可能也不是这样，但是你做完决定之后，不得不做好准备面对它。

这也解释了为什么那些等待答案降临的人容易出问题，看起来他们很不幸。而那些主动寻找机会的人正忙着B计划呢，对他们而言达成目的是迟早的事，而不是靠运气成事。

所以让我们回过头来分析一下（不用担心，大部分步骤已经捋清了），看看什么地方需要换个做法，那样做的话是否会带来较大的改观。如果是的话，再仔细地考虑一番——不要怄气地递交辞呈——做好准备再次尝试，或者决定好下一步该努力的方向。

或许你不愿意做出妥协，或者你认为那么做没必要。可能你想要的答案并不是辞掉工作，毁掉婚约或者搬家，抑或是接受重压。也许你仍然希望得到你开始想要得到的，可妥协的结果并不令你满意。

好吧，那就坚持你原本的计划。十分正确——有时候应该采取的对策并不是做出大的改变。有时候你只是需要坚持到底。我已经记不清有多少次试着戒烟，却以失败告终了。可是我最终还是做到了。如果我要是放弃戒烟的想法呢？结果还是这样吗？那肯定会得到可笑的结果，就是我现在仍然忍不住抽抽烟，这个还请别太计较。我要告诉你们的事情是，坚持你的立场并不是徒劳无功的。

也许你这回没有得到老板的提拔，可是现在另外的候选人已经得到升迁了，可能下次就轮到你了——这期间你完全可以好好工作，好好表现，让自己更有竞争实力。

好，现在你找不到人在你去上意大利语课程的时候过来照看你的孩子们，是吧？可能人家不久就要开设一个新的班，照看孩子的时间也许可以安排在另一个对你来说更好的晚上。又或者说，你在学校找到另一位家长愿意每周和你轮换着照看孩子。也可能你的伴侣在星期二的晚上能够早点下班回家呢。

所以不要放弃。制定一些富有挑战性又比较现实的计划，努力去实现它们。不管做什么事情都不要依靠运气。无论如何，只要你做得对，就根本不需要运气。

我们大多数人心里都明白，自己经常花了不该花的钱。但是对于削减开支，减少这种不必要的浪费，我们心中又很纠结，因为省钱过日子就意味着让我们忍痛割爱，不得不放弃自己的一些需求对吧？不过对于理查德·坦普勒来说则不然。

坦普勒认为，只要你了解了怎样轻松省钱的办法，你的生活依然会丰富多彩，你的人生依然会幸福快乐，绝不会因为省钱而受到影响。

坦普勒用自己幽默风趣而又睿智爽快的风格，向大家传授了许多省钱小妙招，充满了生活的智慧与乐趣。实际上，他要传递给大家的生活理念是：停止浪费钱的行为能让你的生活变得更美好。你将再也不必担心银行账单搅得你噩梦不断了，你只需要轻松享受你的美好人生就行了。

你现在下定决心要减肥了吗？很好！我们大多数人都希望能甩掉身上的赘肉，让自己变得苗条美丽又健康。你是不是在担心减肥会承受不少痛苦呢？哦，你可千万别有这种消极的想法，本书就是来解救你这样的人的，给你奉上轻松减肥秘籍。

本书不倡导节食减肥，不提供减肥食谱，不需要你每顿饭都花时间费劲地称出要吃的食物。而且很不幸，本书依然没有办法提供既能让你狂吃煎火腿和甜点又能让你保持苗条身段的秘方。

理查德·坦普勒以其惯有的风趣幽默与机智聪慧，告诉你一些可以供你单独使用或者配合节食减肥来使用的简单易行的秘诀，能让你的减肥之路走得更为顺畅。

跟随坦普勒行动起来吧！抵制美食的诱惑，保持理智的饮食习惯，维持理想体重，并且在这个过程中丝毫没有痛苦与纠结。